应用型高等院校教学改革创新教材

网页设计与制作

主　编　王　潇　章明珠

副主编　王　娟　张　娜

主　审　边国栋

中国水利水电出版社
www.waterpub.com.cn
·北京·

内 容 提 要

本书共 10 章，主要内容包括网页制作与网站建设基础知识、使用 Dreamweaver CS6 创建网页文档、网页中的基本对象、AP Div 和行为、使用表格布局网页、应用 CSS+Div 布局网页、模板和库、使用 Photoshop CS6 制作网页素材、使用 Flash CS6 制作网页动态素材、综合案例——"最美瞬间摄影工作室"网站首页。经过编者的精心设计，本书内容充实、结构清晰、图文并茂，每章均按照"学习要点—学习目标—导读—知识点讲解—课堂案例—本章小结—课后习题"的思路进行编排，通过学习要点和学习目标明确本章学习任务，导读中融入课程思政，提升个人情感和主动学习的思想觉悟，通过讲解深入解析每个知识点，再通过一个课堂案例综合运用所学知识，使学生通过实际操作能快速上手，熟悉软件功能和网页设计与制作的思路。

本书浅显易懂、指导性强，可供非计算机专业学生学习网页设计以及初学者和爱好者参考使用。

图书在版编目（ＣＩＰ）数据

网页设计与制作 / 王潇，章明珠主编. -- 北京：
中国水利水电出版社，2022.2（2023.1 重印）
应用型高等院校教学改革创新教材
ISBN 978-7-5226-0335-3

Ⅰ．①网… Ⅱ．①王… ②章… Ⅲ．①网页－设计－
高等学校－教材②网页－制作－高等学校－教材 Ⅳ.
①TP393.092.2

中国版本图书馆CIP数据核字(2021)第262408号

	策划编辑：王利艳　　　责任编辑：赵佳琦　　　封面设计：梁　燕
书　　名	应用型高等院校教学改革创新教材 网页设计与制作 WANGYE SHEJI YU ZHIZUO
作　　者	主　编　王　潇　章明珠 副主编　王　娟　张　娜 主　审　边国栋
出版发行	中国水利水电出版社 （北京市海淀区玉渊潭南路 1 号 D 座　100038） 网址：www.waterpub.com.cn E-mail：mchannel@263.net（答疑） 　　　　sales@mwr.gov.cn 电话：(010) 68545888（营销中心）、82562819（组稿）
经　　售	北京科水图书销售有限公司 电话：(010) 68545874、63202643 全国各地新华书店和相关出版物销售网点
排　　版	北京万水电子信息有限公司
印　　刷	三河市德贤弘印务有限公司
规　　格	184mm×260mm　　16 开本　　15.5 印张　　387 千字
版　　次	2022 年 2 月第 1 版　　2023 年 1 月第 2 次印刷
印　　数	3001—6000 册
定　　价	48.00 元

凡购买我社图书，如有缺页、倒页、脱页的，本社营销中心负责调换

前　　言

随着互联网行业的飞速发展，网络已经成为人们获取信息的重要途径，也成为生活中不可缺少的一部分。因此，不仅要培养学生学会如何在网上寻找信息，还力求培养学生将信息上传到网络的能力，从而提高学生自身的信息素养，以适应更广阔的就业需求。本书根据读者的需求，选取的实践案例从实际出发，结合课程思政元素，以浅显易懂的方式讲解了网页制作的各项技能。

本教材上一版《网页设计与制作》自 2018 年 1 月出版以来，收到广大读者的喜爱，被全国多所院校选为"网页设计"课程的教材，为各专业学生学习网页设计与制作技能提供了良好的理论和实践依据。经过几个轮次的使用，根据一线教师、学生和其他读者的反馈，我们在上一版基础之上进行了改版，保持原有内容和结构基本不变的前提下，对部分章节进行了扩展和删减。同时，结合课程思政元素，重新选取教材中的案例，在培养学生知识结构的同时提高个人荣誉感和责任心、增强民族自信心。

内容安排

本书共十章，分为四个部分，循序渐进地帮助学生掌握网页设计的相关知识，以及 3 个软件协同使用设计网页的操作流程。

第一部分 Dreamweaver CS6 的使用（第 1～7 章）：主要介绍了创建站点和网站建设的基础知识，还介绍了网页中的文本、图像和多媒体的插入和编辑方法，以及对页面之间的超链接、表格布局、CSS 样式表、Div 元素、CSS+Div 布局页面、行为、模板和库等知识进行了详细的讲解。

第二部分 Photoshop CS6 的使用（第 8 章）：主要介绍了 Photoshop 的工作界面和基本操作、网页图像的编辑、图层的应用、网页图像的绘制与修饰、网页文本的制作、网页特效的实现以及网页切片的输出等。

第三部分 Flash CS6 的使用（第 9 章）：主要介绍了使用 Flash 软件制作网页动画，学习使用 Flash 软件中的图层和帧创建常见的网页动画素材。

第四部分　综合案例（第 10 章）：通过一个完整的设计方案，介绍了如何使用 3 个软件分工协作制作摄影工作室网站的方法。

读者对象

本书可作为非计算机专业学生学习网页设计的专用教材，适用于网页设计初学者参考阅读。希望读者通过对本书的学习，能够提高网页相关信息的处理能力，以适应互联网的飞速发展。

教学资源

本书配有精美的课件和教学素材，结构完整，便于教授相关课程的老师根据自己的需求完善课件，提高教学质量。

创作团队

本书由王潇老师负责撰写第 2 章、第 3 章、第 4 章和第 10 章的内容，章明珠老师负责撰写第 1 章和第 6 章的内容，王娟老师负责撰写第 5 章和第 7 章的内容，张娜老师负责撰写第 8 章和第 9 章的内容，边国栋教授主审，在此对大家的辛勤工作表示衷心的感谢！

由于作者水平有限，虽然所有编者在编写本书的过程中倾注了大量心血，但书中难免存在疏漏和不足之处，恳请广大读者和专家指正。

编者
2021 年 10 月

目　　录

第 1 章　网页制作与网站建设基础知识

学习要点：

➢　Internet 基础知识
➢　网页和网站的概念
➢　HTML 文件的基本结构
➢　网页制作工具
➢　网站制作的基本流程

学习目标：

➢　了解 Internet 上的常用名词术语
➢　掌握网页和网站的基本概念
➢　掌握 HTML 文件的基本结构
➢　学会利用 HTML 的常用标记制作简单网页
➢　了解常见网页制作工具
➢　了解网页制作的基本流程

导读：

伟大领袖毛泽东在《实践论》中说过："通过实践而发现真理……，实践、认识、再实践、再认识……，这就是辩证唯物论的知行统一观。"那么，网页设计课程在顺应历史潮流的过程中，通过实践形成了什么理论呢？站在巨人的肩上，才能看得更远，要想学好这门课程，我们先来学习这个领域的理论，用理论指导实践，在实践中创造知识，发现真理，再次完善理论，为这个领域的发展添砖加瓦，贡献我们的力量。

随着网络的蓬勃发展，互联网满足了人们的大部分需求，如信息查询、娱乐、学习、购物等，网络已成为人们生活中必不可少的一部分，网站、网页作为人们浏览网上资源的载体，也越来越多地得到人们的关注。为了使初学者对网站有一个总体的认识，本章首先介绍网络基础知识，网页、网站的概念，帮助初学者了解网络中的常用名词术语；接着介绍了网页的基本语言 HTML 语言；最后简要阐述了常见网页制作工具和网站开发流程。

1.1　网络基础知识

1.1.1　Internet 基础知识

网页制作与网络有关，在学习网页制作之前，首先介绍 Internet 的基础知识，网页、网站的基本概念等预备知识。

1. WWW

WWW（World Wide Web，万维网/全球信息网）是以 Internet 为基础的计算机网络，它允许用户在一台计算机通过 Internet 存取另一台计算机上的信息。从技术角度上说，WWW 是一种软件，是 Internet 上支持 WWW 协议和超文本传输协议（HyperText Transport Protocol，HTTP）的客户机与服务器的集合。通过它可以存取世界各地的超媒体文件，包括文字、图形、声音、动画、资料库等。

2. 浏览器

浏览器是指在用户计算机上安装的、用来显示指定 Internet 文件的程序或者软件。浏览器是 WWW 的窗口，用户可以利用浏览器从一个文档跳转到另一个文档，实现对整个网站的浏览，也可利用它下载文本、声音、动画、图像等资料。图 1-1 所示是 IE11 浏览器的界面。

图 1-1   IE11 浏览器的界面

IE11 浏览器的界面主要由标题栏、菜单栏、工具栏、地址栏、网页浏览区、状态栏、滚动条等组成。可以看出，IE11 的界面比之前的版本友好，主要组成部分未发生变化。当然，除了 IE 浏览器之外，还有很多浏览器，图 1-2 中列出了常见浏览器的图标，分别是 Edge、火狐、谷歌、世界之窗、Safari、Opera、360、QQ，不同浏览器的界面略有区别，功能大同小异。

图 1-2   常见浏览器的图标

3. IP 地址

IP 地址（Internet Protocol Address，互联网协议地址/网际协议地址）是 IP 协议提供的一种统一的地址格式，它为互联网上的每个网络和每台主机分配一个逻辑地址，以屏蔽物理地址的差异。

IP 地址是一个 32 位二进制数，用于标识网络中的一台计算机。IP 地址通常有两种方式表示：二进制数和十进制数。在计算机内部，IP 地址用 32 位二进制数表示，每 8 位为一段，共 4 段，如 10000011.01101011.00010000.11001000；为了方便使用，通常将每段二进制数转换为十进制数，上述 IP 地址转换成十进制后为 130.107.16.200。

4. 域名

域名是指互联网上具有自然语言特征、方便记忆的文本字符串，如 www.baidu.com。域名系统的结构是层次型的，由若干英文字母和数字组成，中间由 "." 分割成多个层次，从右到左依次为顶级域、二级域、三级域等。

目前互联网上的域名体系中共有三类顶级域名：类别顶级域名、地理顶级域名和新顶级域名。

● 类别顶级域名共有 7 个：.com（用于商业公司）；.net（用于网络服务）；.org（用于组织协会等）；.gov（用于政府部门）；.edu（用于教育机构）；.mil（用于军事领域）和.int（用于国际组织）。

● 地理顶级域名共有 243 个国家和地区的代码，例如.CN 代表中国，.UK 代表英国等。

● 新顶级域名包含 7 类：biz（商业），info（信息行业），name（个人），pro（专业人士），aero（航空业），coop（合作公司），museum（博物馆行业），其中前 4 个是非限制性域，后 3 个是限制性域，如 aero 须是航空业公司注册。

5. URL

URL（Universal Resource Locator）译为统一资源定位器。在 Internet 上每个站点及站点上的每个网页都有一个唯一的地址，这个地址称为资源定位地址，向浏览器输入 URL，可以访问 URL 指出的 Web 网页。

URL 的结构如下：

通信协议://服务器名称【:通信端口编号】/文件夹 1【/文件夹 2…】/文件名

常见通信协议有超文本传输协议，它是一种详细规定了浏览器和万维网服务器之间通信的规则，通过 Internet 传送万维网文档的数据传送协议，是万维网交换信息的基础。它允许将超文本标记语言（HTML）文档从 Web 服务器传送到 Web 浏览器。HTML 是一种用于创建文档的标记语言，这些文档包含到相关信息的链接。单击一个链接可以访问其他文档、图像或多媒体对象，并获得关于链接项的附加信息。

1.1.2　网页和网站

网页是用 HTML 语言编写，通过 WWW 传播，并被 Web 浏览器翻译成可以显示出来的集文本、超链接、图片、声音和动画、视频等信息元素为一体的页面文件，是 WWW 的基本文档。其中，访问网站时第一个出现的页面称为主页（Home Page），主页一般命名为 index.html 或 fault.html。图 1-3 所示是 "清华大学" 网站的主页。

图 1-3   "清华大学"网站的主页

根据程序是否在服务器端运行，网页分为静态网页和动态网页两种。

1. 静态网页

在网站设计中，早期的网站一般都是由静态网页组成的，静态网页是指纯 HTML 格式的文件，扩展名为.htm 或.html。静态网页上可以有一些动态效果，如 Flash、GIF 格式的图片等。一经制成，内容就不会再变化。如果要修改网页，就必须修改源代码，并重新上传到服务器。静态网页的特点如下：

- 每个网页都是独立的文件，内容相对稳定。
- 没有数据库的支持，后期维护工作量大。
- 交互性差，功能方面有较大的限制。

2. 动态网页

在网站设计中，采用动态网站技术生成的网页称为动态网页。动态网页不仅含有 HTML 标记，而且含有程序代码，这种网页的后缀根据程序设计语言的不同而不同，如 ASP 文件的扩展名为.asp，JSP 文件的扩展名为.jsp。动态网页能够根据不同的时间、不同的来访者而显示不同的内容，根据用户的即时操作和即时请求，内容也会发生相应的变化。动态网页的特点如下：

- 每个文件并非独立存在于服务器，只有当用户请求时才返回一个完整的网页。
- 以数据库技术为基础，大大减小了后期维护的工作量。
- 交互性增强，实现了更多功能，如常见的用户注册、登录、留言板、聊天室等。

提示：静态网页与动态网页的根本区别在于，动态网页的程序都是在服务器端运行的，最后把运行的结果返回客户端浏览器上显示；静态网页是事先做好的，直接通过服务器传递给客户端浏览器浏览。

3. 网站

网站就是把一个个网页系统链接起来的集合。根据网站提供的服务，我们可以把网站分为门户类网站、企业品牌类网站、交易类网站、休闲娱乐类网站、办公及政府机构网站等。

- 门户类网站：门户类网站是一种综合性网站，涉及的领域非常广泛，包含新闻、文学、音乐、影视、娱乐、体育等内容，绝大多数网民通过门户类网站寻找自己感兴趣的资源。国内著名的门户类网站有新浪、搜狐、网易等。图 1-4 所示是"网易"网站的首页。

图 1-4　"网易"网站的首页

● 企业品牌类网站：企业品牌类网站作为企业的名片，越来越受到人们的重视，成为企业在互联网上展现公司形象、企业产品、进行经营活动的平台和窗口。通过企业网站，可以有效地扩大社会影响、提高企业知名度。图 1-5 所示是"海尔集团"的官方网站。

图 1-5　"海尔集团"的官方网站

● 交易类网站：随着互联网的不断发展，网上购物已经成为一种时尚。丰富多彩的物品资源、实惠的价格、快捷的物流使得"网购"成为人们的首选。目前，国内涌现出了很多交易类网站。图 1-6 所示是"当当网"网站的首页。

图 1-6　"当当网"网站的首页

● 休闲娱乐类网站：休闲娱乐类网站大多以提供娱乐信息和流行音乐为主，如在线游戏、电影类网站、音乐网站等。图 1-7 所示是"酷狗音乐"网站。

图 1-7 "酷狗音乐"网站

- 办公及政府机构网站：办公及政府机构网站多以机构的形象宣传和政府服务为主，网站内容相对专一，功能明确，受众面较明确。图 1-8 所示是"陕西人事考试网"网站。

图 1-8 "陕西人事考试网"网站

1.2 HTML 概述

1.2.1 HTML 的含义

1. HTML 的定义

HTML（Hyper Text Markup Language，超文本标记语言）主要用来创建与系统平台无关的网页文档，它不是编程语言，而是一种描述性的标记语言。使用 HTML 可以创建能在互联网上传输的网页，这种文件以.htm 或者.html 为扩展名，是一种纯文本文件，可以使用记事本、写字板等文本编辑器来进行编辑，也可以使用 FrontPage、Dreamweaver 等网页制作软件进行快速创建与编辑，所有网页软件都是以 HTML 为基础的。

2. Web 工作原理

浏览器（browser）是 HTML 的"翻译官"，它阅读 HTML 网页，并解释其含义，然后将解释结果显示在屏幕上。所以说，浏览器其实是一种专用于解读网页文件的软件，从服务器传送至客户端的页面经浏览器解释后，用户才能看到图文并茂的页面信息，如图 1-9 所示。

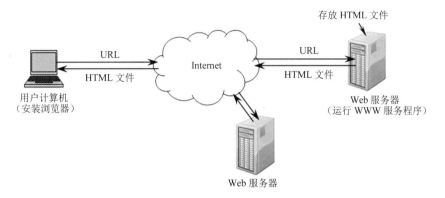

图 1-9　Web 工作原理

3. HTML 的发展史

HTML 1.0 版本发布以后,浏览器开发商陆续加入了更具有装饰效果的各种属性和标签,使得 HTML 越来越复杂。其中,XHTML(eXtensible Hyper Text Markup Language,可扩展的超文本标记语言)是以 HTML 4.01 为基础发展而来的更严谨的一种标记语言,是 HTML 的一种过渡语言。

此外,为了解决 HTML 复杂化的问题,推出了负责装饰性工作的层叠样式表(CSS)。目前的 HTML 版本是 5.0。图 1-10 所示为 HTML 的发展历程。

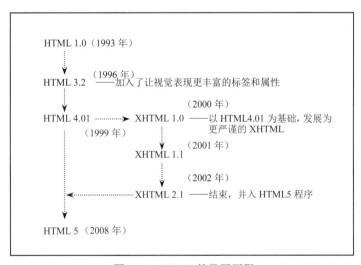

图 1-10　HTML 的发展历程

1.2.2　HTML 文件的基本结构

1. HTML 的语法

标记符,又称标签,是 HTML 的基本元素,浏览器根据标记符决定网页的实际显示效果。HTML 文件使用标记编写文件,所有标记均由尖括号"< >"括起来,标记分为单标记和双标记两种。例如<hr/>为单标记,只有一个起始标记,表示一条水平线;……为双标记,其中,前一个是起始标记,后一个是结束标记,两个标记之间代表执行此指令的内容,其中<b>的含义是加粗。

对标记符作用对象的更详细的控制，需要在起始标记符中加入相关的属性来实现。属性与标记符之间需用空格分隔，每个属性都有与之相应的属性值，所有属性值都由英文状态下的双引号 " " 括起来，格式如下：

双标记：　<标记符　属性1= " 属性值 "　属性2= " 属性值 "　… >　……　</标记符>

单标记：　<标记符　属性1= " 属性值 "　属性2= " 属性值 "　…/>

2. 基本结构

HTML 文件以<html>标记开始，以</html>标记结束，其中<html>表示文档的开始，</html>表示文档的结束。在这两个标记之间，网页被分为头部（head）和主体（body）两部分，如图1-11 所示。

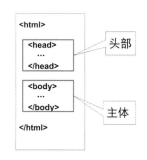

图 1-11　HTML 文件的基本结构

（1）<head>标记。<head>……</head>用来描述文档的头部信息，如页面的标题、作者、摘要、关键词、版权、自动刷新等信息。头部信息并不会出现在浏览器的窗口中。<head>标记中经常出现的标记如下：

- <title>……</title>：用来描述网页文档的标题。
- <meta/>：用来描述文档的编码方式、摘要、关键字、刷新时间等，这些内容不会显示在网页上。其中网页的摘要、关键字是为了使搜索引擎识别和分类网页内容的主题。文档刷新属性可以设置网页经过一段时间后自动刷新或转到其他 URL 地址。

例如，跳转到其他 URL：网页经过 10s 后转到 http://www.sina.com。

<head>

    <meta http-equiv= "Refresh" content= "10" ; URL=http://www. sina.com />

</head>

（2）<body>标记。正文标记<body>表示文档主体的开始和结束。其不同的属性用于定义页面主体内容的不同表达效果，常见属性如下：

- bgcolor：用于定义网页的背景色。
- background：用于定义网页背景的图像文件。
- text：用于定义正文字符的颜色，默认为黑色。
- link：用于定义网页中超级链接字符的颜色，默认为蓝色。
- vlink：用于定义网页中已被访问过的超接链接字符的颜色，默认为紫红色。
- alink：用于定义被鼠标选中，但未使用时超链字符的颜色，默认为红色。

例如，<body bgcolor="black" text="white">或者<body bgcolor="#000000" text="#FFFFFF">都将定义网页的背景颜色为黑色，正文字体颜色为白色的网页文档。

提示：网页中颜色属性值的常用表示方法如下：

（1）使用颜色的英文名称，如 black（黑色）、blue（蓝色）、green（绿色）、red（红色）、yellow（黄色）、white（白色）等。

（2）使用 6 位十六进制数(0~9，A~F)的 RGB 代码表示，且在每种颜色代码前加"#"。例如，白色为#FFFFFF，黑色为#000000。

1.2.3　HTML 常用标记

1. HTML 中的字体标记

（1）字形标记。HTML 中的字形标记常用于设置网页中的字符的不同显示格式，常见字形标记如表 1-1 所示。

表 1-1　常见字形标记

字形标记	形式	字形标记	形式
\<b\>……\</b\>	粗体	\<u\>……\</u\>	加下划线
\<i\>……\</i\>	斜体	\<sup\>…\</sup\>	上标字符
\<big\>…\</big\>	大字体	\<sub\>…\</sub\>	下标字符
\<small…\</small\>	小字体	\<s\>……\</s\>	加删除线

（2）标题标记。HTML 中使用\<h1\>……\</h1\>、\<h2\>……\</h2\>、…\<hn\>……\</hn\>定义段落标题的尺寸，其中 n 最大为 6，相应的\<h1\>到\<h6\>分别表示一级标题到六级标题，一级标题表示的字体最大，六级标题表示的字体最小。

（3）字体标记。\<font\>……\</font\>标记用于定义网页中的文字字体的字体、尺寸、颜色。常用的三个属性有 face、size 和 color。其中 size 的属性值为 1~7；颜色的属性值使用颜色的英文名称或十六进制 RGB 代码表示。

例如，\<font face="楷体"　size= "2"　color="red" \>你好 \</font\>

2. HTML 中的正文布局标记

（1）段落标记\<p\>。\<p\>……\</p\>表示一个新段落的开始，其后内容从新的一行开始，并与上段之间有一个空行，可以使用 align 属性定义新开始的一行内容在页面中的对齐位置，属性值可以是 left、center 或者 right，例如\<p align="center"\>……\</p\>。

（2）换行标记\<br/\>。\<br/\>单标记符用于使文本从新的一行显示，它不像段落标记\<p\>会产生一个空行，但连续多个\<br\>可以产生多个空行的效果。

（3）水平线标记\<hr/\>。\<hr/\>单标记符用于产生一条水平线，以分隔文档的不同部分。常用的属性有 size、width、color，分别用于定义水平线粗细、宽度、颜色。

（4）段落对齐标记\<center\>和\<div\>。\<center\>……\</center\>标记可使在其之间的内容居中显示。\<div\>……\</div\>标记用于文档分节，以便为文档的不同部分应用不同的段落格式，\<div\>标记符要使用属性 align 控制段落对齐格式，属性值为 left、right、center、justify。

3. 图像标记 \<img/\>

\<img/\>单标记符实现在网页中插入图片，常用属性有 src、alt、width、height、border、align 等，其含义如下：

- src：用于定义图像文件的源地址（可使用相对地址或者绝对地址）。
- width：用于定义图像在页面上显示的宽度。
- height：用于定义图像在页面上显示的高度。
- alt：用于定义图像的说明文字。
- border：用于定义图像边框像素值，默认为 0，即没有边框。
- align：用于定义当图像与文字混排时，可使用 align 属性说明文字与图像的对齐方式，其值可以是 top（表示顶部对齐）、middle（表示中央对齐）、bottom（表示底部对齐，默认值）、left（表示图像居左）、right（表示图像居右）。

提示：

- 绝对地址：指提供了链接文档的完整的 URL 地址，包括协议名称，如 http://www.sina.com.cn/news / 1.html。
- 相对地址：以当前目录为参照，使用文件相对于当前目录的路径，如 "./" 或者不带任何符号表示所引用的文件（或目录）与当前 HTML 页面处于同一目录，"../" 表示上一级目录。

4. 滚动文字标记<marquee>

< marquee >……</marquee >可使在其间的内容实现滚动效果，常用属性有 direction、behavior、height、width、vspace、hspace、loop、scrollamount、onmouseout、onmouseover 等，其含义如下：

- direction：用于定义对象滚动的方向，属性值有 up 、down、left、right，分别表示向上滚动、向下滚动、向左滚动、向右滚动。
- behavior：用于定义对象滚动的方式，属性值有 alternate、scroll、slide，分别表示来回滚动、一端到另一端（重复）、一端到另一端（不重复）。
- height：用于定义对象滚动的高度，单位为像素。
- width：用于定义对象滚动的宽度，单位为像素。
- vspace：用于定义对象所在位置距垂直边的距离。
- hspace：用于定义对象所在位置距水平边的距离。
- loop ：用于定义对象滚动次数。
- scrollamount：用于定义对象滚动速度。
- onmouseout：用于定义鼠标移出该区域时，对象的滚动状态，常见属性值有 this.start()、this.stop()，分别表示开始滚动、停止滚动。
- onmouseover：用于定义鼠标移到该区域时，对象的滚动状态，常见属性值同 onmouseout。

5. <embed>标记

embed 可以用来插入各种多媒体，格式可以是 midi、wav、aiff、au、mp3 等，Netscape 及新版的 IE 都支持。该标记符的常用属性有 src、loop、volume、autostart 等，其含义如下：

- src：用于定义多媒体文件的源地址（可使用相对地址或者绝对地址）。
- loop：用于定义音频或视频文件是否循环及循环次数，属性值为正整数、true、false。为正整数时表示音频或视频文件的循环次数；为 true 时表示音频或视频文件循环播放；为 false 时表示音频或视频文件不循环播放。

- volume：用于定义音频或视频文件的音量，属性值为 0～100 之间的整数。
- autostart：用于定义音频或视频文件是否在下载完之后就自动播放，属性值有 true 和 false，true 表示音乐文件在下载完之后自动播放，false 表示音乐文件在下载完之后不自动播放。

1.3 网页制作工具

网页制作工具就是采用更直观、更简单的方式制作网页，通常的网页制作工具有 Dreamweaver、Photoshop、Flash 等。下面我们将主要介绍这三种工具 CS6 版本的特点及其功能。

1.3.1 Dreamweaver CS6

Dreamweaver CS6 是美国 Adobe 公司于 2012 年 4 月 24 日开发的集网页制作和管理网站于一身的所见即所得网页编辑工具。它支持代码、拆分、设计、实时视图等多种方式来创作、编写和修改网页（通常是标准通用标记语言下的一个应用HTML），初级人员无须编写任何代码就能快速创建 Web 页面。可以说，其强大的网页编辑功能和完善的站点管理机制是其成为网页制作的主流工具的一个重要原因。图 1-12 所示是使用 Dreamweaver CS6 设计网页的效果。

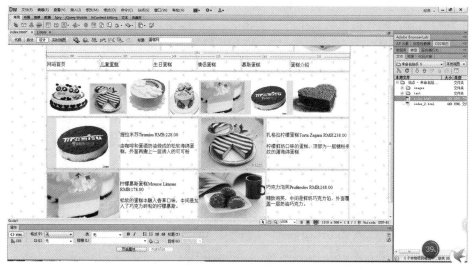

图 1-12 使用 Dreamweaver CS6 设计网页的效果

1.3.2 Photoshop CS6

Photoshop CS6 是由 Adobe 公司推出的目前功能最强大、应用最广泛的图形图像编辑软件，它具有同类产品所无法比拟的优越性能，已经成为桌面出版、图像处理及网络设计领域中的行业标准。Photoshop CS6 是 Photoshop 的第 13 代，是一个较重要的版本。Photoshop 的前几代加入了 GPU OpenGL 加速、内容填充等新特性，加强了 3D 图像编辑，采用新的暗色调用户界

面，其他改进还有整合 Adobe 云服务、改进文件搜索等。图 1-13 所示是使用 Photoshop CS6
设计图像的效果。

图 1-13　使用 Photoshop CS6 设计图像的效果

1.3.3　Flash CS6

Flash CS6 也是由 Adobe 公司推出的一款动画设计与制作软件，具有存储容量小、交互性
强、便于网络传播、制作成本低等优点。其中 Flash CS6 新增了以 Flash Professional CS6 的核
心动画和绘图功能为基础，利用新的扩展功能创建交互式 HTML 内容；生成 Sprite 表单；锁
定 3D 场景，增强渲染效果以及增加了智能形状和设计工具，方便更精确的高级绘制。图 1-14
所示是使用 Flash CS6 制作的动画。

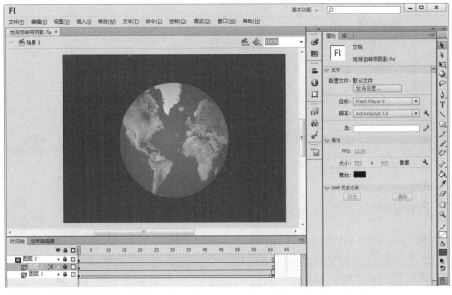

图 1-14　使用 Flash CS6 制作的动画

1.4 网页制作的基本流程

网站规划及网页设计是一个复杂的过程，通常包括网站分析、网站设计与制作、网站测试、发布维护四个环节，每个环节都涉及许多内容。

1. 网站分析

网站分析的主要任务是收集、研究用户需求，讨论网页主题、内容、网站的基本功能，了解网站可能服务的对象及其需求，为用户提供所需的产品或服务。

2. 网站设计与制作

网页设计是网页设计与制作的关键环节．其主要内容如下：

- 收集素材。通常情况下网站主题确定下来之后，就要通过各种途径尽可能多地收集相关的图片、声音及文字等多媒体信息。
- 确定网页版式。精确的布局、规范的版式会给人难忘的印象。网站的布局灵活多样，常见版式有"国"字形布局、"匡"字形布局、"川"字形布局等。
- 进行网页可视化设计。设计人员根据获得的资料信息，通过草图，借助网页开发工具，进行主页和其他网页的版面设计、色彩的设计、HTML 布局和导航、相关图像的制作与优化等。

3. 网站测试

网站制作完成后，要进行全面、有效的测试。影响浏览者浏览网页的因素有很多，例如系统平台不同、连接速度的不同、访问方式的不同、浏览器版本的不同等都会影响网页的显示效果。网站测试的内容包括速度、兼容性、交互性、链接正确性和内容方面的错误、超流量测试等，测试过程中发现问题时要及时纠正，补充、完善后形成正式的网页。

4. 发布维护

经过测试的网站就可以上传发布了，所谓网站发布，就是指将已经制作完成的网站上传到已经开通的网站空间。网站上传完毕，就开始了漫长的网站维护阶段。网站维护一般包括内容维护与版面维护两种。内容维护一般由客户自行完成，根据企业活动需要，利用网站提供的后台管理功能，随时向网站页面上添加内容；版面维护，即通常说的改版，网站运营一段时间以后，为了继续吸引用户访问，改变网站的首页风格。

用户上网的主要目的是获取最新的信息，只有不断更新网站中的内容和版式，才能持续吸引访问者。

1.5 课堂案例——个人主页制作

1.5.1 案例目标

在记事本上录入下列 HTML 代码，保存为 1_1.html 网页文件，效果如图 1-15 所示。

图 1-15　案例效果

1.5.2　操作思路

代码如下：

```
<html>
<head>
<title>我的第二个网页</title>
</head>
<body bgcolor="black"    text="white">
<p align="center"><h1  align="center"><img src="17.gif"    alt="爱心"    title="气球摇啊摇""\>欢迎进入我
的个人主页<img src="17.gif"    alt="爱心"    title="气球摇啊摇""\></h1></p>
<hr/>
<font face="楷体" size="5"    color="yellow">人生一世，糊涂难得，难得糊涂。活得过于清醒的人，反倒
是糊涂的；活得糊涂的人，其实才是清醒的。糊涂一点，才会有大气度，才会有宽容之心，才能平静地看待
世间的纷纷扰扰；糊涂一点，才能超越世俗功利，善待世间一切，身居闹市而心怀宁静；糊涂一点，才能参
透人生，超越生命，天地悠悠，顺其自然。</font><br/>
<p align="center">
    <img src="16.jpg"    alt="飞机"    title="我的飞机" width="186" height="188"\>
    <img src="4.jpg"    alt="老虎"    title="森林之王" width="186" height="188"\>
    <img src="15.jpg"    alt="玫瑰"    title="玫瑰蛋糕" width="186"height="188"\>
    <img src="8.jpg"    alt="树"    title="开花结果" width="186" height="188"\></p>
<p align="center"><font face="华文行楷" size="5"    color="purple">风雨兼程步暮年，满目青山不老松，
青山依旧在，人已近黄昏，夕阳依然无限好。</font></p>
<hr color="yellow" width="800"/>
<p align="center">
<marquee direction="up" vspace="20" hspace="540" onmouseout="this.start()" onmouseover="this.stop()" >回
顾流失的岁月<br/>父辈们走过的历程和经历的坎坷<br/>
```

是历史岁月的一面旗帜
是我们人生路上的一面镜子
更是我们儿辈前进方向上的路标和灯塔
</marquee>
　　</p>
　　</body>
</html>

1.6　本章小结

　　网页设计与制作是一门动手性很强的课程，需要大量的实践，本章从网站的基础知识讲起，介绍了 HTML 的基本结构、常用标记，并通过案例讲解了使用 HTML 制作简单网页的方法，随后介绍了当前主流的网页制作工具及网站开发流程，为网站开发者尤其是初学者学习网页制作打下了基础。

1.7　课后习题

1. 什么是 IP 地址、域名、统一资源定位器？
2. 什么是 HTML？它的基本结构是什么？
3. 常见浏览器都有哪些？下载并安装一个浏览器，体会与 IE 浏览器的区别。
4. 应用 HTML 常用标记编写一个简单的网页（内容自定义）。
5. 网站设计有哪几个阶段？各阶段的任务分别是什么？

第 2 章 使用 Dreamweaver CS6 创建网页文档

学习要点：

➢ 认识 Dreamweaver CS6 工作界面
➢ 创建和管理站点
➢ 新建、保存、打开、预览网页
➢ 设置页面属性

学习目标：

➢ 掌握 Dreamweaver CS6 的界面使用方法
➢ 掌握创建和管理站点的方法
➢ 掌握网页文档的基本操作

导读：

《论语·卫灵公》中，子贡问为仁。子曰："工欲善其事，必先利其器。居是邦也，事其大夫之贤者，友其士之仁者。"意思是：子贡问如何修养仁德。孔子说："工匠要做好工作，必须先磨快工具。住在一个国家，要侍奉大夫中的贤人，与士人中的仁人交朋友。"孔子告诉子贡，一个做手工或工艺的人，要想把工作完成，做得完善，应该先把工具准备好。那么为仁是用什么工具呢？住在这个国家，想对这个国家做出贡献，必须结交上流社会，乃至政坛上的大员、政府的中坚；与这个国家社会上各种贤达的人都要成为朋友。换句话说，就是要先了解这个国家的内情，有了良好的关系，才能得到有所贡献的机会，完成仁的目的。

工匠做工与思想品德的修养从表面上看是风马牛不相及的事，但实际上有相通的道理。要办成一件事，一定要事先进行筹划、安排，才能稳步把事情做好。由此可见，准备工夫做好了，可以事半功倍。

常言道"磨刀不误砍柴工"，也是此类意思。工匠在做工前打磨好工具，操作起来就能得心应手，也就能达到事半功倍的效果，思想品德修养亦是如此。选择品德高尚的人交往，与他们做朋友，受他们的影响、熏陶，潜移默化地，自己的思想境界和道德修养也会在无形中得到提升。

Dreamweaver 系列软件是 Adobe 公司开发的一款具有可视化编辑界面的网站开发工具，使用这个软件制作网页可以起到事半功倍的效果，因为用它制作网页无须编写任何代码就可以快速创建 Web 页面。因此，本章将带领读者初步认识 Dreamweaver CS6 的界面，了解辅助工具等相关知识。读者可以通过熟悉该软件来掌握创建和管理站点及网页文档的基本操作。

2.1　熟悉 Dreamweaver CS6 工作界面

读者在使用 Dreamweaver CS6 制作网页之前，要先全面熟悉 Dreamweaver CS6 的工作界面。

2.1.1　工作界面的组成

安装 Dreamweaver CS6 之后，选择"开始"→"程序"→Adobe→Adobe Dreamweaver CS6命令，启动软件。首次打开软件时会提示关联文件，选择默认选项即可。Dreamweaver CS6 经过一系列初始化后，显示起始页面，如图 2-1 所示，用户可以选择"打开最新的项目""新建""主要功能"组中的选项，新建不同类型的网页文件。

图 2-1　Dreamweaver CS6 起始页面

操作点拨：用户可以执行"编辑"→"首选参数"命令，打开"首选参数"对话框，在"常规"分类中取消选中"显示欢迎屏幕"复选框，可以取消在启动软件后显示欢迎屏幕的功能。

用户通过新建或打开网页文档后，即可进入 Dreamweaver CS6 的工作界面，如图 2-2 所示，包括标题栏、菜单栏、状态栏、"属性"面板、浮动面板组等。

操作点拨：操作界面的这些组成部分也可以根据用户的需要在"查看"菜单和"窗口"菜单设置是否显示。

1. 菜单栏

Dreamweaver CS6 的菜单栏包括文件、编辑、查看、插入、修改、格式、命令、站点、窗口和帮助，如图 2-3 所示。

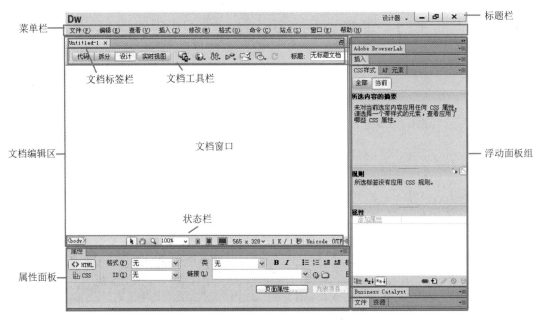

图 2-2　Dreamweaver CS6 的工作界面

| 文件(F) | 编辑(E) | 查看(V) | 插入(I) | 修改(M) | 格式(O) | 命令(C) | 站点(S) | 窗口(W) | 帮助(H) |

图 2-3　菜单栏

菜单栏上的每项都有子菜单，每个菜单命令都可以进行一些相关的命令执行或属性的设置。

文件：用来管理文件，例如新建、打开、保存、另存为等。

编辑：用来编辑文本，例如剪切、复制、粘贴、查找、替换和参数设置，以及访问 Dreamweaver CS6 软件的"首选参数"。

查看：用来切换网页文档的视图模式，以及显示、隐藏标尺、网格线等辅助视图功能。

插入：用来插入网页中的各类元素，例如图像、多媒体文件、表格、框架及超链接等。

修改：具有修改页面元素的功能，例如修改表格中单元格的合并与拆分等。

格式：用来对文本进行操作，例如设置文本格式等。

命令：包含所有附加命令项。

站点：用来创建和管理网站站点。

窗口：用来显示和隐藏各面板、切换工作区的布局等。

帮助：联机帮助功能。

2. 文档编辑区

文档编辑区是用户对网页文档进行操作的主要工作区域，包含文档标签栏、文档工具栏、文档窗口、文档状态栏，如图 2-4 所示。

文档标签栏：显示每个网页文档在编辑区的一个小标签，左侧显示当前打开的网页文档的文件名及关闭文档的按钮，右侧显示文档的保存路径以及向下还原文档窗口的按钮，如图 2-5 所示。

图 2-4　文档编辑区

图 2-5　文档标签栏

　　文档工具栏：可以使用户快速切换文档的视图模式、设置网页标题、在浏览器中预览等。文档工具栏各按钮功能如图 2-6 所示。

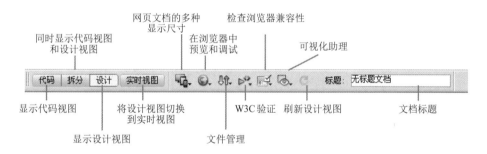

图 2-6　文档工具栏各按钮功能

　　文档窗口：打开或新建一个网页文档后，用户就可以在文档窗口中编辑文字、插入表格、编辑图像等。文档窗口可以分为代码视图、拆分视图和设计视图三种方式，以显示当前文档，如图 2-7 所示。

（a）设计视图　　　　　　　（b）拆分视图　　　　　　　（c）代码视图

图 2-7　文档窗口的三种方式

操作点拨：设计视图是用于可视化页面布局、可视化编辑和快速应用程序开发的设计环境。在该视图中，用户编辑的文档基本上与在浏览器中查看的页面内容一致，体现出 Dreamweaver CS6 的所见即所得的特点。代码视图是用于编写和编辑 HTML、JavaScript、服务器语言代码以及任何其他类型代码的手工编码环境。代码和设计视图使用户可以在单个窗口中同时看到同一文档的代码视图和设计视图。

文档状态栏：显示与当前所打开文档相关的一些信息，如图 2-8 所示。

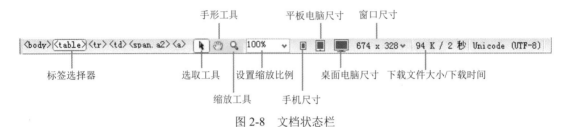

图 2-8　文档状态栏

3. "属性"面板

"属性"面板用来设置页面上正被编辑对象的相关属性。"属性"面板会根据用户选择的对象变换面板中的信息。例如，当前选择了一幅图像，那么"属性"面板上出现该图像的相关属性；如果选择了表格，那么"属性"面板会相应地变换成表格的相关属性，初始情况下显示文档的基本属性信息，如图 2-9 所示。

图 2-9　"属性"面板

4. 浮动面板组

界面中其他面板组都可以浮动于编辑窗口之外，这些面板根据功能进行了分组。用户可以在"窗口"菜单中选择不同的命令打开或关闭所需的面板，如图 2-10 所示。

图 2-10　浮动面板组

2.1.2　可视化辅助工具

为设计出精美的网页，使网页中素材的摆放位置更准确，Dreamweaver CS6 提供了各种辅助工具，使用这些辅助工具可以得心应手地制作网页，提高网页制作效率。

1. 标尺

利用标尺可以精确地计算出所编辑的网页的宽度和高度，计算出页面中图片、文字等页面元素与网页的比例，使用户设计出的网页更符合浏览器的显示尺寸要求。标尺显示在编辑窗口的左边框和上边框中，单位可设置为像素、英寸、厘米。默认情况下，标尺的单位是像素。

操作点拨：执行"查看"→"标尺"→"显示"命令，即可打开和关闭标尺。

标尺原点的默认位置位于编辑窗口的左上角，在该处按住鼠标左键不放并拖动鼠标，即可将标尺原点拖动到编辑窗口中的任一点，如图 2-11 所示。

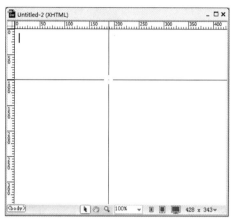

图 2-11　拖动标尺原点

操作点拨：要将标尺原点恢复到默认左上角的位置，执行"查看"→"标尺"→"重设原点"命令即可。

2. 网格线

使用网格主要是针对 AP 元素进行绘制、定位、尺寸调整等可视化操作。借助网格辅助工具，可以使页面元素移动后自动对齐。

操作点拨：若要将网格线显示在编辑窗口中，则执行"查看"→"网格"→"显示网格"命令，如图 2-12 所示。

若要使网页中的 AP 元素自动对齐到网格线上，则执行"查看"→"网格"→"靠齐到网格"，如图 2-13 所示。

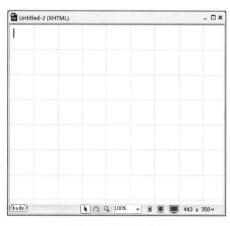

图 2-12　显示网格线

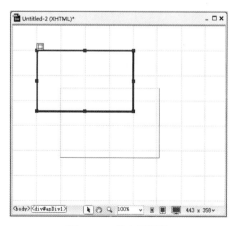

图 2-13　靠齐到网格

执行"查看"→"网格"→"网格设置"命令，打开"网格设置"对话框，如图 2-14 所示，具体参数解释如下：

- 颜色：设置网格线的颜色。
- 显示网格：切换复选框，显示或隐藏网格线。
- 靠齐到网格：选中复选框，将 AP 元素自动靠齐到网格线。
- 间隔：设置网格间的间距，在后面的下拉列表框中可以设置间距的单位。
- 显示：设置网格线显示为线或点。

图 2-14　"网格设置"对话框

3. 辅助线

辅助线与网格线的功能异曲同工，也是用来对齐 AP 元素的，但使用辅助线比网格更加灵活方便。一般情况下，辅助线要与标尺搭配使用，用鼠标从编辑窗口的左侧或顶部的标尺中拖出一条辅助线到编辑窗口中即可，如图 2-15 所示。

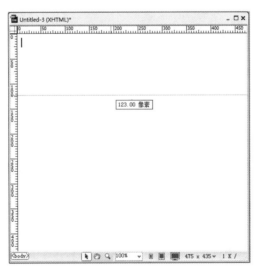

图 2-15　拖动辅助线

操作点拨：执行"查看"→"辅助线"→"显示辅助线"命令，即可显示或隐藏已经绘制好的辅助线。

执行"查看"→"辅助线"→"编辑辅助线"命令，打开"辅助线"对话框，如图 2-16 所示，具体参数解释如下：

- 辅助线颜色：设置辅助线的颜色。
- 距离颜色：当用户把鼠标指针保持在辅助线之间时，将显示一个作为距离指示器的颜色，该参数就是用来设置这个线条颜色的。

- 显示辅助线：选中复选框，可以设置辅助线可见。
- 靠齐辅助线：选中复选框，可以使页面元素在页面中移动时靠齐辅助线。
- 锁定辅助线：选中复选框，可以将辅助线锁定在当前位置。
- 辅助线靠齐元素：选中复选框，拖动辅助线时将辅助线靠齐页面上的元素。
- "清除全部"按钮：单击该按钮，在页面中清除所有辅助线。

图 2-16　"辅助线"对话框

2.1.3　设置首选参数

在使用 Dreamweaver CS6 制作网页之前，可以根据自己的需要定义该软件的使用规则，这些规则可以通过设置首选参数实现。执行"编辑"→"首选参数"命令，打开"首选参数"对话框，如图 2-17 所示。

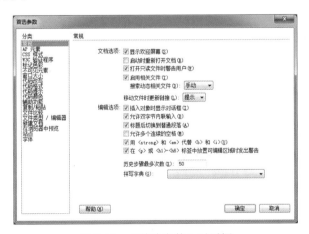

图 2-17　"首选参数"对话框

1. "常规"分类

在"常规"分类中，可设置文档选项和编辑选项。如选中"允许多个连续的空格"复选框，将允许使用 Space 键输入多个连续的空格。

2. "复制/粘贴"分类

切换到"复制/粘贴"分类，如图 2-18 所示，在此分类中可以定义粘贴到 Dreamweaver CS6 文档中的文本格式。

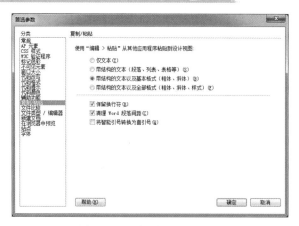

图 2-18 "复制/粘贴"分类

相关选项的意义如下：

- "仅文本"单选项：只复制和粘贴文本到网页中，而不带文本中的任何结构。
- "带结构的文本（段落、列表、格式等）"单选项：可以连同文本中的段落、列表、格式等结构复制和粘贴到网页中。
- "带结构的文本以及基本格式（粗体、斜体）"单选项：可以连同文本中的粗体、斜体等基本格式结构复制和粘贴到网页中。
- "带结构的文本以及全部格式（粗体、斜体、样式）"单选项：可以连同文本中的粗体、斜体和更多样式结构复制和粘贴到网页中。

在设置了一种适合的粘贴方式后，可以直接选择菜单栏中的"编辑"→"粘贴"命令粘贴文本，而不必每次都选择"编辑"→"选择性粘贴"命令。如需改变粘贴方式，则选择"选择性粘贴"命令进行粘贴。

3. "新建文档"分类

切换到"新建文档"分类，如图 2-19 所示。可以在"默认文档"下拉列表框中选择默认文档类型，如 HTML；在"默认扩展名"文本框中输入扩展名，如.html；在"默认文档类型"下拉列表框中选择文档类型，如 HTML 1.0 Transitional；在"默认编码"下拉列表框中选择编码类型，通常选择 Unicode(UTF-8)选项。

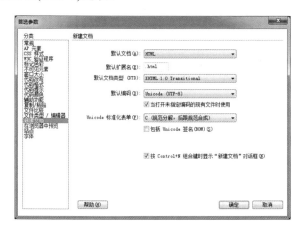

图 2-19 "新建文档"分类

2.2　创建和管理站点

无论是一个网页制作的新手还是一个专业的网页设计师，都要从构建站点开始，理清网站结构的脉络。当然，不同的网站有不同的结构，功能也不相同，所以一切都是按照需求组织站点的结构。

接下来将从规划网站开始，向读者介绍如何构思一个网站，规划不同的结构，创建新的站点并设置、定义相关的参数，还将介绍如何管理站点文件，将网页元素归类构建结构等内容。

2.2.1　规划站点

网站是多个网页的集合，这种集合不是简单的集合，一般包括一个首页和若干个分页。为了达到最佳效果，在创建 Web 站点页面之前，都要设计和规划站点的结构，决定要创建多少页、每个网页上显示什么内容、页面布局的外观以及各网页是如何互相连接起来的。一般来说，在规划站点结构时，应该遵循以下规则。

1. 文件分类保存

网站内容的分类决定了站点中创建文件夹和文件的数量，通常网站中每个分支的所有文件统一存放在单独的文件夹中，根据网站的大小又可进行细分。如果把图书室看作一个站点，每架书柜相当于文件夹，书柜中的书本相当于文件。

如果是一个复杂的站点，它包含的文件会很多，而且各类型的文件内容页不尽相同。为了能更合理地管理文件，将文件分门别类地存放在相应的文件夹中。如果将所有网页文件都存放在一个文件夹中，当站点的规模越来越大时，管理起来就会很不容易。

用文件夹合理构建文档的结构时，应先在本地磁盘上为站点创建一个根文件夹，然后在根文件夹中创建多个子文件夹，比如网页文件夹、媒体文件夹、图像文件夹等，最后将相应的文件放在相应的文件夹中。

站点中的一些特殊文件（比如模板、库等）最好存放在系统默认创建的文件夹中。

2. 合理命名文件

为了方便管理，文件夹和文件的名称最好有具体的含义，这点非常重要，特别是在网站的规模变得很大时，若文件名容易理解，人们一看就明白网页描述的内容；否则，随着站点中文件的增加，不易理解的文件名会影响工作效率。

综上所述，文件和文件夹命名最好遵循以下原则，以便管理和查找。

- 汉语拼音：根据每个页面的标题或主要内容，提取主要关键字的拼音作为文件名，如"院系介绍"页面文件名为"yuanxi.html"。
- 拼音缩写：根据每个页面的标题或主要内容，提取每个关键字的第一个拼音字母作为文件名，如"院系介绍"页面文件名为"yxjs.html"。
- 英文缩写：通常使用专业名词。如"学院主页"页面文件名为"index.html"。
- 英文原意：直接翻译中文名称，这种方法比较准确。

以上 4 种命名方式也可结合数字与符号组合使用，但要注意，文件名开头不能使用数字和符号等，也最好不使用中文命名，因为很多 Internet 服务器使用的是英文操作系统，不能对中文文件名提供很好的支持。

2.2.2 管理站点

在 Dreamweaver CS6 中可以有效地建立并管理多个站点,可以导入事先导出的站点(*.ste),也可以通过新建站点建立站点。

1. 新建站点

在新建站点前,首先需要确定制作的对象是直接在服务器端编辑网页,还是在本地计算机编辑网页,然后设置与远程服务器进行数据传递的方式等。静态站点是指一般不需要服务器支持就能直接运行的网页;本地站点是指将网站文件夹存放在本地,并在本地运行,不需要远程服务器的配合。

选择"站点"→"管理站点"命令,打开"管理站点"对话框,如图 2-20 所示。

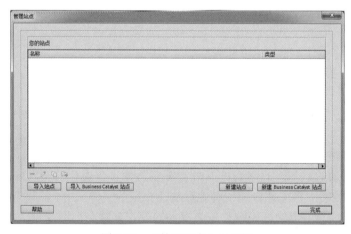

图 2-20 "管理站点"对话框

单击"新建站点"按钮,打开"站点设置对象"对话框,如图 2-21 所示。在"站点名称"文本框中输入一个站点名称来标识该网站,在"本地站点文件夹"文本框中输入保存网站的文件夹。

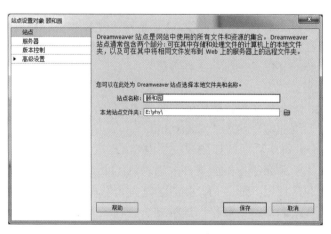

图 2-21 "站点设置对象"对话框

选择"高级设置"选项,出现下拉菜单,设置本地信息,指定默认图像文件夹,如图 2-22 所示。

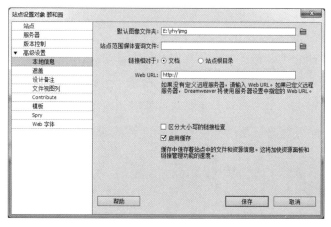

图 2-22　设置本地信息

单击"保存"按钮，弹出"管理站点"对话框，显示出刚建立的站点，如图 2-23 所示。

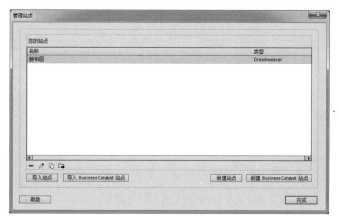

图 2-23　"管理站点"对话框

单击"完成"按钮，Dreamweaver CS6 的"文件"面板显示出刚才建立的站点文件夹的完整结构，如图 2-24 所示，站点创建完成。

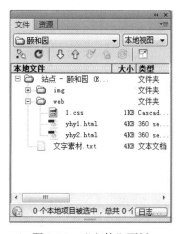

图 2-24　"文件"面板

2．编辑站点

编辑站点是指对 Dreamweaver CS6 中已经存在的站点重新设置相关参数。编辑站点的方法如下：选择"站点"→"管理站点"命令，打开"管理站点"对话框，如图 2-25 所示，然后在"您的站点"列表框中选择要编辑的站点，单击"编辑当前选定的站点"按钮 ，打开"站点设置对象"对话框，根据需要重新设置或修改相关参数即可。

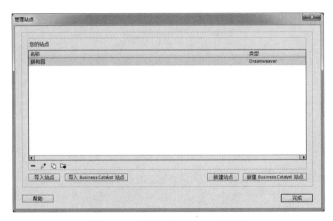

图 2-25　"管理站点"对话框

3．复制站点

有时会根据需要在 Dreamweaver CS6 中创建多个站点，但并不是所有站点都必须重新创建。如果新建站点和已经存在的站点有许多参数设置是相同的，则可以通过"复制站点"的方法进行复制，再进行编辑即可。

复制站点的方法如下：在"管理站点"对话框的"您的站点"列表框中选择要复制的站点，然后单击"复制当前选定的站点"按钮 ，即可复制一个站点，再对复制的站点进行编辑即可。

4．删除站点

如果不再需要一些站点，可以在 Dreamweaver CS6 中将其删除。在"管理站点"对话框中选择要删除的站点，然后单击"删除当前选定的站点"按钮 ，打开提示对话框，如图 2-26 所示，单击"是"按钮删除站点。

注意：在"管理站点"对话框中删除站点仅是删除了在 Dreamweaver CS6 中创建的站点信息，存储在硬盘上相应的文件夹及其中的文件仍然存在。

5．导入/导出站点

如果重新安装操作系统，Dreamweaver CS6 中的信息就会丢

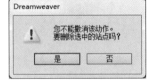

图 2-26　提示对话框

失，可以采取导出站点的方法导出站点信息。在"管理站点"对话框中选择要导出的站点，然后单击"导出当前选定的站点"按钮 ，打开"导出站点"对话框，如图 2-27 所示，设置导出站点文件的路径和文件名称，然后单击"保存"按钮即可。导出的站点文件的扩展名为"*.ste"。

导出的站点只有再次导入 Dreamweaver CS6 中才能恢复作用。在"管理站点"对话框中单击"导入站点"按钮，打开"导入站点"对话框，选中要导入的站点文件，单击"打开"按钮，即可导入站点，如图 2-28 所示。

图 2-27　"导出站点"对话框

图 2-28　导入站点

2.2.3　管理站点中的文件

对建立的文件和文件夹，可以进行移动、复制、重命名和删除等基本操作。在"文件"面板中选中需要管理的文件或文件夹并右击，在弹出的快捷菜单中的"编辑"子菜单中即可进行相关操作，如图 2-29 所示。

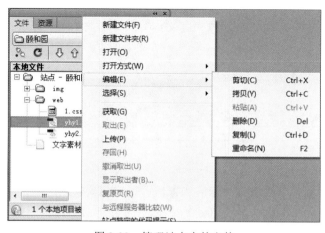

图 2-29　管理站点中的文件

2.3 网页文档基本操作

创建好站点后就可以新建网页，进行编辑制作了。要想在 Dreamweaver CS6 中制作网页，必须先掌握在站点中新建和保存网页文档的基本方法。

2.3.1 新建网页文档

在 Dreamweaver CS6 中新建文档通常有以下三种方法。

1. 通过"文件"面板新建文档

用户可以通过下面两种方法新建一个默认名为 untitled-1.html 的文件。

- 在"文件"面板中右击根文件夹，在弹出的快捷菜单中选择"新建文件"命令，如图 2-30 所示。

图 2-30　通过快捷菜单新建文档

- 单击"文件"面板标题栏右侧的"面板菜单"按钮▼≡，在打开的下拉列表中选择"文件"→"新建文件"命令，如图 2-31 所示。

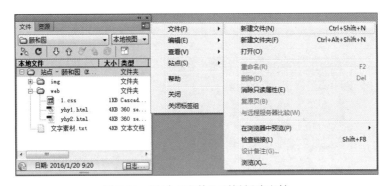

图 2-31　通过"文件"面板新建文档

2. 通过欢迎屏幕创建文档

在欢迎屏幕的"新建"组中选择相应选项，可以快速新建相应类型的文件，如图 2-32 所示，选择"新建"→HTML 命令即可创建一个 HTML 文档。

图 2-32 通过欢迎屏幕创建文档

3. 通过菜单命令创建文档

选择"文件"→"新建"菜单命令，打开"新建文档"对话框，如图 2-33 所示，可以根据需要选择相应的选项新建文档。

图 2-33 "新建文档"对话框

2.3.2 保存、打开网页文档

在编辑文档的过程中要养成随时保存文档的习惯，以免出现意外导致文档内容丢失。

1. 保存网页文档

要保存新建文档，可选择"文件"→"保存"菜单命令，打开"另存为"对话框，如图 2-34 所示，在"保存在"下拉列表框中选择要保存的文件夹，也可以单击"创建新文件夹"按钮📁新建一个文件夹保存文档。在"文件名"文本框中输入文件名，在"保存类型"下拉列表框中选择相应的文件类型，单击"保存"按钮即可保存文件。

图 2-34   "另存为"对话框

保存文档后，如果再次进行了编辑，则可以直接选择"文件"→"保存"菜单命令保存，不会打开"另存为"对话框；如果要更换文件名或保存位置，则选择"文件"→"另存为"菜单命令保存；如果要保存已打开的所有文档，则可以选择"文件"→"保存全部"菜单命令。

2. 打开网页文档

保存网页文档后，如果想编辑已经关闭的网页文档，则可以选择"文件"→"打开"菜单命令，打开"打开"对话框，如图 2-35 所示，在"查找范围"下拉列表框中找到文件的保存位置，选择要打开的网页文档，然后单击"打开"按钮打开文件。也可以通过欢迎屏幕中"打开最近的项目"下拉列表打开相应的网页文档。

图 2-35   "打开"对话框

2.3.3 设置页面属性

新建网页后，应该设置页面的显示属性，如页面背景效果、页面字体大小、颜色、页面超链接属性等。在 Dreamweaver CS6 中可以通过"页面属性"对话框设置页面显示属性。

　　在 Dreamweaver CS6 工作界面中，选择"修改"→"页面属性"菜单命令，打开"页面设置"对话框，如图 2-36 所示。在"分类"列表框中可以设置外观、链接、标题、标题/编码和跟踪图像五类相关属性。

图 2-36　"页面属性"对话框

2.4　课堂案例——"学院网站"创建多个网页

　　本课堂案例将分别练习创建"学院网站"的站点及创建"首页"和"院系介绍"的页面，综合本章学习的知识点，练习创建和管理站点，以及新建网页的具体操作。

2.4.1　案例目标

　　本案例先规划"学院网站"的创建，包括对网站制作进行一些前期的素材准备工作，接着创建"学院网站"的站点，并管理该站点，同时为网站创建"index"页面和"yxjj"页面，并设置页面的相关属性，参考效果如图 2-37、图 2-38 所示。

图 2-37　"学院网站"首页

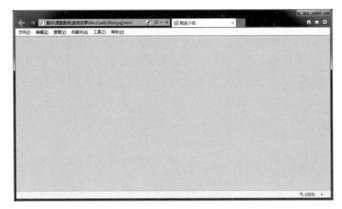

图 2-38　"院系介绍"页面

2.4.2　操作思路

根据练习目标，结合本章知识，具体操作思路如下。

（1）规划网站。规划网站即对网站的制作做前期规划，包括页面的布局安排和筹备素材，参考效果如图 2-39、图 2-40 所示。

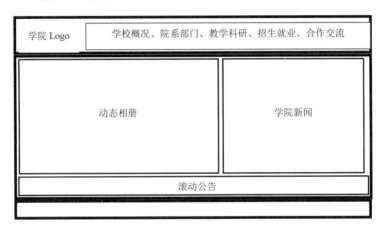

图 2-39　"学院网站"首页草图

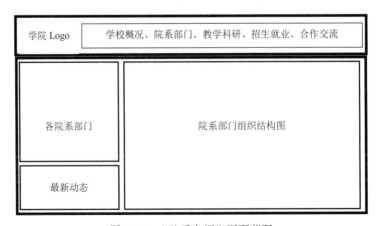

图 2-40　"院系介绍"页面草图

（2）将准备好的素材分门别类地存放在站点文件夹"xafy"中，如图 2-41 所示。

图 2-41　"学院网站"站点文件夹

（3）新建站点"学院网站"，设置本地站点文件夹，如图 2-42 所示。

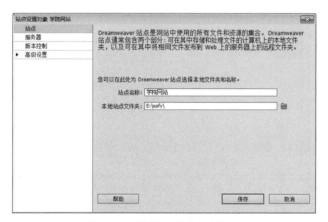

图 2-42　设置本地站点文件夹

（4）新建"学院网站"首页，可以在起始页面中选择"新建"组中的文档类型，一般为 HTML，如图 2-43 所示。

图 2-43　新建网站首页

（5）设置页面属性。单击"属性"面板中的"页面属性"按钮，打开"页面属性"对话框，在"分类"栏中设置"外观"中的背景颜色，在"标题/编码"中设置标题，如图 2-44 所示。

图 2-44　设置页面属性

（6）新建"院系介绍"页面。选择"文件"→"新建"菜单命令，或者使用 Ctrl+N 组合键打开"新建文档"对话框，如图 2-45 所示，选择文档类型新建页面。

图 2-45　"新建文档"对话框

（7）设置页面属性。与第（5）步操作相同，可以设置页面的基本属性。

（8）保存网页。需要将新建的页面保存到站点文件夹中，选择"文件"→"保存"菜单命令，打开"另存为"对话框，如图 2-46 所示，选好路径即可保存。

图 2-46　　"另存为"对话框

2.5　本章小结

本章带领大家学习了 Dreamweaver CS6 软件，学习用它制作网页的基本方法，掌握制作网页前搭建站点，以及在已有站点不合理的情况下管理站点的方法。准备就绪后，就可以制作网页了，制作网页的基本流程为创建或打开网页文档、编辑文档、保存文档、预览与关闭网页文档。本章只介绍了设置页面的简单属性，显示和实现的效果比较单一，关于在网页上挥洒自如，制作出漂亮生动的页面的方法，我们将在后面章节继续学习。

2.6　课后习题

根据本项目的知识，为"个人网站"创建站点，站点名为"个人网站"，创建保存网页素材的图像文件夹和网页文件夹，对站点进行管理。在站点内，新建一个名为"index"的主页，页面标题为"我的个人网站——主页"，设置适当的页面背景颜色，页面文本字体为"微软雅黑"。继续创建一个名为"个人简介"的页面文件，标题为"我的个人网站——个人简介"，设置该页面与主页的背景颜色与字体格式相同。

第 3 章　网页中的基本对象

学习要点：

➢　页面属性
➢　添加并设置文本
➢　插入、设置网页中的图像
➢　网页中的多媒体
➢　超链接

学习目标：

➢　掌握文本的 CSS 属性设置方法
➢　掌握图像和多媒体元素的插入方法
➢　掌握网页设计中超链接的设置方法

导读：

苏轼的《答秦太虚书》中说："度囊中尚可支一岁有余，至时别作经画，水到渠成，不须顾虑，以此胸中都无一事。"后来据此典故引出成语"水到渠成"。翻译过来的意思为"我计算了一下，钱囊中的钱还可以用一年多的时间，到时候另外筹划。水到渠成，不用提前考虑。这样一来，我心中记挂的事就一件也没有了"。这个典故告诉我们，为人处世都会有一个过程，对此，人们不仅不能拔苗助长，而且必须顺应规律。唯有如此，做事才有成功的可能。

做网页亦是如此，画面美观，内容丰富，形式多样，都需要一步一个脚印，按部就班才能水到渠成。因此，本章带领大家学习网页中最基本的元素——文本。文本是网页传播信息的主要载体之一，因此，掌握好文本的使用方法是制作网页的最基本要求。此外，为了使网页表现形式更加丰富，还可以在网页中适当地加入动画、声音和视频等其他多媒体对象。本章还会介绍如何创建网页中的基本对象，主要包括文本的操作、在网页中插入图像、动画和多媒体以及超链接的设置和应用。

3.1　网页中的文本

网页中的文本是构成整个网页的灵魂，由于文本产生的信息量大，输入、编辑简单方便，并且生成的文件小，容易在浏览器上下载，因此掌握好文本的使用方法是制作网页的最基本要求。本节详细讲解在网页中添加文本、添加特殊字符、设置项目列表、编号列表以及设置文本属性的方法。

3.1.1　直接输入

将光标放入文档窗口中想要插入文本的位置，调整好输入法，就可以直接输入设定的文本内容，如图 3-1 所示。

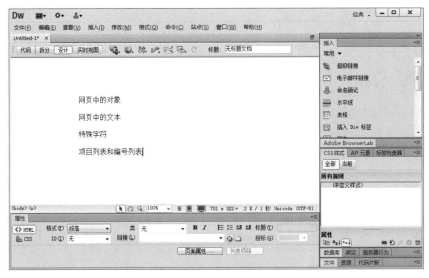

图 3-1　输入文本

操作点拨：

（1）Dreamweaver CS6 不允许输入多个连续空格，在此提供四种输入空格的方法：

1）设置"首选参数"中的"允许多个连续的空格"命令为开启状态。

2）设置输入法为全角状态，可以输入多个连续空格。

3）通过 Ctrl + Shift + Space 组合键，可以输入多个连续空格。

4）在代码视图中输入 " " 代码，可以在设计视图中产生空格。在代码视图中输入几次 " "，就会在设计视图中出现几个空格。

（2）Dreamweaver CS6 可以通过 Enter 键对文本进行分段，通过 Shift + Enter 组合键实现换行，将上下两行的行间距变为分段行间距的一半。

3.1.2　复制/粘贴外部文本

除了直接输入文本外，Dreamweaver CS6 还可以复制其他外部程序（如 Word、记事本等）中的文本到网页中，在 Dreamweaver CS6 中将光标移动到要插入文本的位置，执行"编辑"→"粘贴"命令，如图 3-2 所示，就可以实现外部文本的复制与粘贴。粘贴后的文本不再保留其他应用程序中的文本格式（如分段、粗体等），但保留换行符。

操作点拨： 如果要将外部程序中的分段、加粗等格式一起复制到 Dreamweaver CS6 中，可以执行"编辑"→"选择性粘贴"命令，打开"选择性粘贴"对话框，如图 3-3 所示。

提示： Dreamweaver CS6 的文本编辑特性中，除了具有个别面向 Web 的特性外，其余操作都与 Word 等文字处理软件相似，例如"剪切""复制""粘贴""移动""撤销""恢复"等命令。

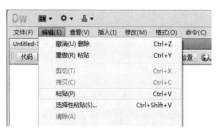

图 3-2　粘贴文本　　　　　　　　图 3-3　"选择性粘贴"对话框

3.1.3　导入外部文件

在 Dreamweaver CS6 中，用户可将 Word 或 Excel 中的内容完整地插入网页，两者的导入方法完全相同。下面讲述导入 Word 文档的方法，执行"文件"→"导入…"命令，打开"导入 Word 文档"对话框，如图 3-4 所示。

图 3-4　"导入 Word 文档"对话框

操作点拨：在图 3-4 中，可以从"格式化"下拉列表框中选择要导入文件的保留格式，其中各选项的含义如下：

- 仅文本：导入的文本为无格式文本，即文件在导入时删除所有格式。
- 带结构的文本：导入的文本保留段落、列表和表格结构格式，但不保留粗体、斜体和其他格式设置。
- 文本、结构、基本格式：导入的文本具有结构并带有简单的 HTML 格式。如段落和表格以及带有<b>、<i>、<u>、<strong>、<em>、<hr>、<abbr>或<acronym>标签的格式文本。
- 文本、结构、全部格式：导入的文本保留所有结构、HTML 格式设置和 CSS 样式。

3.1.4　插入特殊字符

网页中不仅包含普通文本，而且经常会用到一些特殊符号，这些特殊符号是无法通过键盘输入文档的，如注册商标符号®、版权符号©等。若在网页中输入这些特殊符号，执行"插入"→HTML→"特殊字符"菜单命令，可以从子菜单中选择相应的符号命令，如果在该子菜单中不能找到需要的符号，可以选择"其他字符"命令，打开图 3-5 所示的"插入其他字符"对话框，在其中选择要插入的字符即可。

图 3-5 "插入其他字符"对话框

3.1.5 插入项目列表和编号列表

Dreamweaver CS6 可以设置给网页中具有相同类型的文本段落添加编号，使之成为列表，以达到网页内容结构清晰、页面整洁有序的效果，如图 3-6 所示。Dreamweaver CS6 有两种文本列表，分别是项目列表和编号列表，下面详细介绍这两种列表的设置方法。

图 3-6 设置项目符号网页效果

1. 项目列表

项目列表可以具有相同类型的信息集合添加项目符号作为标记,进行无序排列。

插入项目列表的具体操作步骤如下:

(1)在文档中输入文本,用鼠标选中要插入项目列表的文本内容,如图 3-7 所示。

(2)执行"窗口"→"插入"菜单命令,打开"插入"面板,如图 3-8 所示,切换到"文本"对象,单击项目列表中的"项目列表"选项。

图 3-7　选中文本　　　　　　　　　　　　　　　图 3-8　"插入"面板

操作点拨:除上述方法外,设置项目列表还有以下两种方法。

(1)单击"属性"面板中的"项目列表"按钮,为文本添加项目列表。

(2)执行"插入"→HTML→"文本对象"→"项目列表"命令,设置项目列表。

这样就能在选定的文本前面添加或修改项目列表,效果如图 3-9 所示。

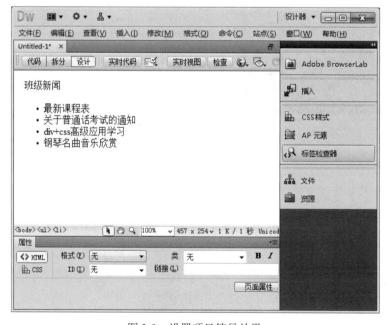

图 3-9　设置项目符号效果

2．编号列表

编号列表可以为具有相同类型的信息集合添加编号作为标记，进行有序排列。在文档窗口选定要插入编号列表的内容，单击"文本"对象中的"编号列表"选项，或者在"属性"面板上单击"编号列表"按钮⋮，即可插入编号列表。插入编号列表后的效果如图 3-10 所示。

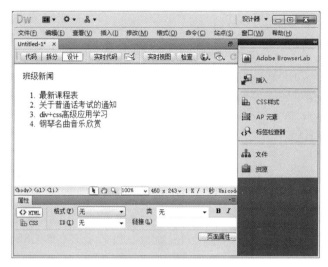

图 3-10　插入编号列表后的效果

3.1.6　设置文本属性

网页中添加了文本后，还可以设置文本的字体、字号、行间距等。在 Dreamweaver CS6 中设置文本属性可以通过 HTML 和 CSS 两种方法实现，使用 HTML 类型时，Dreamweaver CS6 会自动为文本添加相应的 HTML 标签或标签属性，可以从代码视图窗口查看；使用 CSS 类型时，Dreamweaver CS6 会使用 CSS 样式表设置文本属性，可以从 CSS 面板查看。

1．使用 HTML 类型

选择要设置属性的文本对象，"属性"面板默认显示文本的 HTML 类型的相关属性，如图 3-11 所示。

图 3-11　"属性"面板

面板中各属性的含义如下：

● 格式：设置文本所包含的标签，如段落格式、标题格式和预先格式化等。

段落格式主要用于给文本设置段落格式。HTML 代码中使用<p>标签表示，设置了段落格式的文本会在上、下各显示一行空白间距。

提示：标题格式主要用于强调文本信息的重要性。使用标题格式后的文本一般会加粗显示，HTML 预设了六级标题格式，标签分别为<h1>、<h2>、<h3>、<h4>、<h5>、<h6>，文本大小依次递减。

- ID：为所选文本应用一个下拉列表中未声明过的 ID 样式。
- 类：为文本应用一个类选择器。

提示：本书后续章节将详细介绍创建 CSS 样式的类、ID 或标签选择器，并设置相应格式的方法，创建完成之后就可以在"属性"面板的 HTML 类型界面中的"ID"或"类"下拉列表中选择，并自动应用设置好的文本格式。

- 粗体、斜体：将文本显示为粗体或斜体。代码视图中可以查看到<strong>和<em>标签。
- 项目列表和编号列表：将所选文本段落设置为项目列表或编号列表形式。
- 文本缩进：缩进所选文本或删除所选文本的缩进。
- 链接、标题、目标：为所选文本设置超链接及打开链接文档的方式，具体方法将在后面章节中详细介绍。

2. 使用 CSS 类型

由于 Dreamweaver CS6 是基于层叠样式表（CSS）进行设置的网页编辑软件，即事先定义好文本的 CSS 样式，再应用到选定的文本上。当需要修改文本的外观时，只需要修改 CSS 属性就可以自动使文本显示最新的样式属性。因此，使用 CSS 类型设置文本的外观属性是更快捷的方法。单击"属性"面板左侧的 CSS 按钮 ，可显示文本的 CSS 类型属性，如图 3-12 所示。

图 3-12　显示 CSS 属性

面板中各属性的含义如下：

- 目标规则：显示当前选定内容所使用的 CSS 规则名称，也可以从下拉列表中为选定的内容新建 CSS 规则。
- 字体：设置或更改目标规则的字体。

提示：在"字体"下拉列表中选择"编辑字体列表"选项，打开"编辑字体列表"对话框，如图 3-13 所示。在"字体列表"列表框中选择一种字体，然后单击"添加"按钮 ，可将选中的字体加入字体列表中。如果还想添加其他字体，可继续执行上面的操作。添加完后单击"确定"按钮，关闭"编辑字体列表"对话框，此时"字体"下拉列表中将显示添加的字体。

图 3-13　编辑字体

- 大小：设置或更改目标规则的文本大小。
- 文本颜色：设置或更改目标规则的文本颜色，可以单击颜色框，从颜色面板中选择文本颜色，也可以用拾色器选取其他颜色，还可以直接在颜色框右侧的文本框中输入表示颜色的十六进制数，例如"#0000FF"。
- 粗体：向目标规则添加粗体属性。
- 斜体：向目标规则添加斜体属性。
- 左对齐、居中对齐、右对齐和两端对齐：向目标规则添加各种对齐属性。

3.2　网页中的图像

图像传输是 Internet 的真正魅力所在。图像在网页中起两个作用：一是装饰作用，可以想象，如果网页做得像风景图画，访问者一定会流连忘返；二是表达信息，图像的信息量非常大，它可以非常直观地表达所要表达的内容。正是由于有这两个优点，网页中的图像很受人们的欢迎。使用图像不但可以增强视觉效果、提供更多信息、丰富网页的内容，而且可以将图像分为更易操作的小块，更能够体现出网站的特色。

本节我们将详细讲解在网页中插入图像、编辑图像的方法，从而制作图文并茂的网页，通过图像生动地展示给浏览者。

3.2.1　网页中的图像格式

插入网页的图像格式有很多种，如 GIF、JPEG/JPG、PNG、BMP、TIFF、SVG 等，美观的图像会为网站添加新的活力，给用户带来更直观的感受。但是网页中的图片如果过多，也会影响网站的浏览速度，因此要合理、适当地使用图像。

1. GIF 格式

GIF（Graphics Interchange Format，图像交换格式）的图片数据量小，可以带有动画信息，且可以支持透明色，使图像浮现在背景之上，但最高只支持 256 种颜色。GIF 文件的众多特点恰恰适应了 Internet 的需要，于是它成为 Internet 上最流行的图像格式，它的出现为 Internet 注入了一股新鲜的活力，常见有 QQ 动态表情等。

2. JPEG/JPG 格式

JPEG（Joint Photographic Experts Group，联合图像专家组）是一种压缩格式的图像文件，可以高效地压缩图片的数据量，使图像文件变小的同时基本不丢失颜色画质，也是大家最熟悉的一种图像格式。通常需要显示照片等颜色丰富的精美图像时，我们可以选择 JPEG/JPG 格式的文件。

3. PNG 格式

PNG（Portable Network Graphics）是一种采用无损压缩算法的位图格式，其设计目的是替代 GIF 和 TIFF 格式，同时增加一些 GIF 格式不具备的特性。由于它体积小，而在保证图片清晰、逼真的前提下，网页中不可能大范围地使用文件较大的图像文件，因此 PNG 格式在网页中被广泛应用。同时 PNG 格式可以为原图像定义 256 个透明层次，使得彩色图像的边缘能与任何背景平滑地融合，从而彻底消除锯齿边缘。这种功能是 GIF 格式和 JPEG 格式没有的。PNG 格式通常用来做小图标、按钮等。

4. 特性比较

表 3-1 将上面提到的三种图像格式在文件后缀名（扩展名）、透明设置、优缺点和适合处理的图像类型（适用对象）四个方面的特性做比较。

表 3-1　GIF 格式、JPEG 格式、PNG 格式特性对比

特性	GIF 格式	JPEG 格式	PNG 格式
扩展名	*.gif	*.jpg/*.jpeg	*.png
透明设置	有	无	有
优点	文件尺寸小、下载速度快，可以显示动画	文件尺寸较小，下载速度快	体积小、无损压缩，且支持透明效果
缺点	不能存储超过 256 色的图像	压缩后图像品质不会受影响	如果没有插件支持，浏览器可能无法显示
适用对象	卡通画、按钮、图标、徽标等颜色单一的图像	颜色丰富且相互交叉的照片图像	小图标（icons）、按钮、背景等

3.2.2　插入图像

在将图像插入 Dreamweaver CS6 文档时，Dreamweaver CS6 会自动在网页文档的 HTML 源代码中生成对该图像文件的引用。为了确保引用的正确性，该图像文件必须位于当前站点中，如果图像文件不在当前站点中，Dreamweaver CS6 会询问是否要将此文件复制到站点中，也可将图像文件存储到站点中。

Dreamweaver CS6 提供的插入图像的方式一般有以下三种。

1. 使用命令插入图像

将光标放置在需要插入图像的位置，选择"插入"→"图像"菜单命令，如图 3-14 所示，打开"选择图像源文件"对话框，如图 3-15 所示，找到需要的图像，单击"确定"按钮插入图像。

图 3-14　选择"插入"→"图像"命令

2. 使用"文件"面板插入图像

打开"文件"面板，展开站点中的图像文件夹，如图 3-16 所示，在需要插入的图像名称上按住鼠标左键不放，并拖拽到文档编辑区中需要插入图像的位置，单击"确定"按钮插入图像。

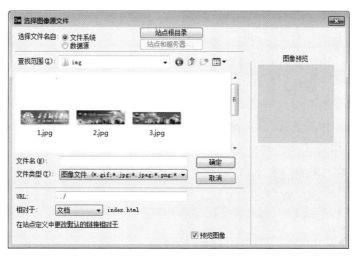

图 3-15　"选择图像源文件"对话框

3．使用"插入"面板插入图像

将光标放置在需要插入图像的位置，选择"插入"面板中的"常用"选项卡，单击"图像"按钮上的黑色三角形，如图 3-17 所示，在下拉菜单中选择"图像"命令，在"选择图像源文件"对话框中找到并选择所需图像，单击"确定"按钮插入图像。

图 3-16　"文件"面板

图 3-17　"插入"面板插入图像

操作点拨：选择好插入的图像后，都会打开"图像标签辅助功能属性"对话框，如图 3-18 所示，图中具体参数意义如下：

图 3-18　"图像标签辅助功能属性"对话框

- 替换文本：当图像正在下载、找不到该图像或网站访问者将指针移到该图像上时，替换文本代替图片显示，解释这是什么图片。
- 详细说明：详细说明可以提供比"替换文本"框更详尽的说明。若要添加较详细的说明，则单击"浏览"按钮并选择一个 HTML 文件，再单击"确定"按钮。

注意：在选择了要插入到网页的图像后，默认情况下，Microsoft Expression Web 会自动显示"图像标签辅助功能属性"对话框，来设置图像的替换文本。用户可以通过"首选参数"对话框（图 3-19）设置 Expression Web，使其自动显示或不显示该对话框。

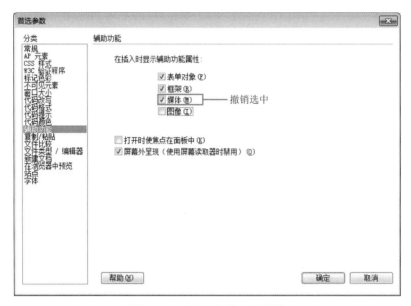

图 3-19　"首选参数"对话框

3.2.3　设置图像属性

图像插入文档后，其默认属性一般不符合我们的要求，比如尺寸不合适、位置不合理等，还需要调整图像，若要精确地调整图像的尺寸、位置、对齐方式等，则可使用属性检查器中的各项属性。

单击设置属性的图像，当图像周围出现可以编辑的控制点时，查看窗口下方的"属性"面板，如图 3-20 所示，常用属性的含义如下。

图 3-20　"属性"面板

- 宽、高：用来精确调整图像大小，在"宽""高"文本框中输入像素值，以准确定义图像大小；也可输入百分比，设置成占页面的百分比，图像会根据文档窗口的大小自动调整。

- 源文件：插入图像后，属性检查器中的"源文件"文本框显示出图像文件的路径。单击文本框后的"文件夹"按钮 ▣，或者拖拽"指向文件"按钮 ⊕，即可重新选择图像文件。
- 链接：该文本框显示链接到的目的文件的路径。可以是网页，也可以是一个具体的文件。实现链接的方法有以下三种。
  - ◆ 直接输入链接的目的地址（D:\myweb\img\tly.jpg）。
  - ◆ 用鼠标拖拽"指向文件"图标到文件面板中要链接的目标文件上。
  - ◆ 单击该文本框右边"文件夹"按钮 ▣，选择要链接的目标文件。
- 替换：给图像添加文字提示说明。在属性检查器中的"替换"文本框中输入文字，其效果是用浏览器打开图像页面后，鼠标移到图像上或者发生断链接现象时即可出现相应的文字提示。

除了上面几项属性之外，在 Dreamweaver CS6 中，还可以通过裁剪、调整亮度/对比度和锐化等一些辅助图像编辑功能来完成，而不需要通过其他软件。编辑操作通过属性检查器中的裁剪、亮度和对比度以及锐化的按钮就可以很方便地实现，本节不做具体介绍。

当网页内既有文字又有图像时，图像和文字排版不恰当就会显得页面不协调。我们通过调整图像与文字的相对位置以及图像与文字的间距，使图像更好地与文字排列在一起，构成一幅协调、美观的页面。

3.2.4　跟踪图像

跟踪图像是 Dreamweaver CS6 中一个非常有效的功能，在网页中使用跟踪图像就像平时我们临摹字帖时，下面放着名家的笔迹，上面盖上一层透明的纸，然后在上面临摹，而被跟踪的图像就像名家的笔迹一样。设计人员在网页中将制作好的平面设计稿作为网页的背景，就可以按照预先制作好的背景方便地定位文字、图像、表格、层等网页元素在该页面中的位置。

跟踪图像的使用方法如下：首先使用各种绘图软件做出一个想象中的网页排版格局图，类似于给网页打个底稿；然后将此图保存为网络图像格式，如 GIF、JPG、JPEG 或 PNG。用 Dreamweaver CS6 打开编辑的网页，将事先创建好的网页布局图作为跟踪图像；最后调整跟踪图像的透明度，就可以在当前网页中方便地定位各网页元素的位置了。使用了跟踪图像的网页在用 Dreamweaver CS6 编辑时不会再显示背景图案，但当使用浏览器浏览网页时正好相反，跟踪图像消失了，而背景图案显示出来，此时所见到的就是经过编辑的网页，具体操作如下：

（1）单击"查看"→"跟踪图像"→"转入"命令，打开"选择图像源文件"对话框，在对话框中选择一个图像文件，单击"确定"按钮。打开"页面属性"对话框，如图 3-21 所示，在"分类"列表框中选择"跟踪图像"选项，在右边单击"浏览"按钮，选择一个跟踪图像文件。

操作点拨：打开"页面属性"对话框的方式有：
- 在"修改"菜单中选择"页面属性"命令。
- 在"属性"面板中单击"页面属性"按钮。

图 3-21 "页面属性"对话框

（2）在"页面属性"对话框中，拖动"透明度"滑块调整图像的透明度后，单击"确定"按钮。如果跟踪图像太鲜艳，影响了我们的视觉，则可以调整透明度。

（3）跟踪图像插入"文档"窗口，如图 3-22 所示。

图 3-22 跟踪图像插入"文档"窗口

提示：默认情况下，跟踪图像在"文档"窗口中是可见的。如果想隐藏跟踪图像，则单击"查看"→"跟踪图像"→"显示"命令，取消选中"显示"复选框，即可隐藏跟踪图像。

3.3 网页中的多媒体

网页的元素多种多样，虽然依旧以文本和图片为主，但是为了丰富网页的内容及增强网页趣味性，已经有越来越多的网站增加了各种各样的多媒体对象，例如 Flash 动画、声音、视频等，这些都属于多媒体文件。

3.3.1 认识网页中的多媒体

随着互联网的迅速发展，多媒体在网页中逐步占据了主体地位，同时出现了一些专业的多媒体网站，这些网站的核心内容都属于多媒体的范围，比如课件网、音乐网等。除此之外，综合网站中也出现了形式多样的多媒体内容，如 Flash 动画、宣传视频等。

在 Dreamweaver CS6 中，可以将 Flash 动画、声音、ActiveX 控件等多媒体对象插入网页文件中。

3.3.2 网页中插入 Flash 动画

Flash 动画是网页中使用较广泛的一类多媒体文件，其后缀为*.swf。将 Flash 动画应用于网页中，可以把传统网页无法做出来的效果很好地展现出来，使网页有更强的吸引力。在 Dreamweaver CS6 中插入 Flash 动画的具体操作步骤如下：

（1）将光标定位到要插入 Flash 动画的位置。

（2）执行"插入"→"媒体"→"SWF ..."命令，打开"选择 SWF"对话框，如图 3-23 所示。

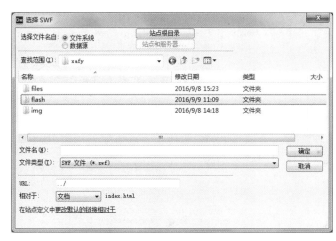

图 3-23　"选择 SWF"对话框

（3）选择站点中的 Flash 动画文件，即可将 Flash 动画插入文档中，如图 3-24 所示。

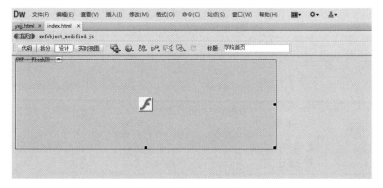

图 3-24　插入 Flash 动画

（4）保存网页文档后，就可以在浏览器中看到动画效果。如图 3-25 所示。

图 3-25　浏览网页

操作点拨：在操作过程的第（2）步后会弹出"对象标签辅助功能属性"对话框，其中有三个属性可以设置，也可以忽略。

● 标题：在浏览器中运行时，鼠标移动到 Flash 动画对象时会显示标题窗口处输入的内容。

● 访问键：输入一个键盘键（字母），用于在浏览器中选择对象。

● Tab 键索引：输入一个数字，用于在浏览器中选择对象。

如果网页文档还未保存，那么执行操作过程的第（2）步时，将弹出图 3-26 所示的提示对话框，提示用户先保存网页，再插入 Flash 动画。在对话框中单击"确定"按钮，将网页保存在站点中，再执行操作过程中的后续步骤。

图 3-26　提示对话框

也可以设置插入网页的 Flash 动画的属性，单击 Flash 动画对象，进入"属性"面板，如图 3-27 所示。

图 3-27　"属性"面板

- 宽/高：指定动画对象区域的宽度和高度，以控制其显示区域。
- 文件：指定 Flash 动画文件的路径及文件名，可以直接在文本框中输入动画文件的路径及文件名，也可以单击"文件夹"按钮选择。
- 背景颜色：确定 Flash 动画区域的背景颜色。在动画不播放（载入时或播放后）时，也会显示该背景颜色。
- 编辑：调用预设的外部编辑器编辑 Flash 源文件（*.fla）。
- 循环：使动画循环播放。
- 自动播放：当网页载入时自动播放动画。
- 垂直边距/水平边距：指定动画上边距、下边距、左边距、右边距。
- 品质：设置质量参数，有"低品质""自动低品质""自动高品质""高品质"四个选项。
- 比例：设置缩放比例，有"默认""无边框""严格匹配"三个选项。
- 对齐：确定 Flash 动画在网页中的对齐方式。
- Wmode：设置 Flash 动画是否透明。
- ▶ 播放 ：单击该按钮可以看到 Flash 动画的播放效果。
- 参数... ：单击该按钮，打开"参数"对话框，在其中可以输入传递给 Flash 动画的其他参数。

3.3.3 网页中插入 FLV 视频

网页中的视频除了 Flash 动画文件外，还有 FLV（Flash Video）文件，其主要特点是生成的视频文件小、加载速度快、可以通过网络加载并播放。FLV 流媒体格式是随着 Flash 的发展出现的视频格式，它利用了网页上广泛使用的 Flash Player 平台，将视频整合到 Flash 动画中，也就是说，浏览者只要能看到 Flash 动画，就能看到 FLV 格式的视频，无须安装其他的视频插件，给网页中视频的播放带来了极大便利。目前，国内的热门视频网站都是使用 FLV 技术实现视频播放的。

在 Dreamweaver CS6 中可以非常方便地在网页中插入 FLV 视频，执行"插入"→"媒体"→"FLV ..."命令，打开图 3-28 所示的"插入 FLV"对话框，在对话框中设置视频的各个属性后就可以插入 FLV 视频。

对话框中各属性选项的含义如下：

- 视频类型：在该下拉列表框中选择视频的类型，包括"累进式下载视频"与"流视频"。"累进式下载视频"先将 FLV 文件下载到用户的硬盘上，再进行播放，该视频类型可以在下载完成之前就开始播放视频文件；"流视频"要经过一段缓冲时间后才在网页上播放视频内容。
- URL：输入 FLV 文件的 URL 地址，或者单击"浏览..."按钮，从站点中选择一个 FLV 文件。
- 外观：设置视频组件的外观。选择不同的外观，可以在"外观"下拉列表框的下方显示预览效果。
- 宽度/高度：指定 FLV 文件的宽度/高度，单位是像素。

- 限制高宽比：保持 FLV 文件的宽度和高度的比例不变。默认选中该复选项。
- 包括外观：是 FLV 文件的宽度和高度与所选外观的宽度和高度相加得出来的。
- 检测大小：单击该按钮确定 FLV 文件的准确宽度和高度，但是有时 Dreamweaver CS6 无法确定 FLV 文件的尺寸，必须手动输入宽度和高度。
- 自动播放：指定在网页打开时是否自动播放 FLV 视频。
- 自动重新播放：设置文件播放完后是否自动返回起始位置。

图 3-28   "插入 FLV"对话框

3.3.4　网页中插入音频对象

视频和音频是多媒体网页的重要组成部分，网页中播放音乐的方式一般有两种，一种是通过音乐播放器播放音乐，另一种是网页的背景音乐。Dreamweaver CS6 可以通过在网页中插入音频插件的方式插入音乐播放器，也可以通过<bgsound>标签设置网页背景音乐。

1. 插入音乐播放器

在 Dreamweaver CS6 中可以使用插件在当前网页中嵌入音乐播放器，具体操作步骤如下：

（1）在文档窗口执行"插入"→"媒体"→"插件"命令，打开"选择文件"对话框，如图 3-29 所示。

（2）选择一个音乐文件，单击"确定"按钮，将插件插入网页中，出现插件图标。

（3）选中插件，在"属性"面板中设置插件的宽、高、参数等属性。

（4）保存文档，在浏览器中预览网页，在网页中就能看到音乐播放器了，单击播放器按钮，即可播放选择的音乐文件，如图 3-30 所示。

图 3-29　"选择文件"对话框

图 3-30　插入音乐播放器的页面

　　操作点拨：在"属性"面板中单击 参数... 按钮，打开"参数"对话框，在"参数"列表下方单击并输入参数名称 autoStart，在"值"列下方单击并输入该参数的值"true"或"false"，设置打开网页时音乐的自动播放或停止效果。

　　2．插入背景音乐

　　当用户浏览网页时，有时在打开某个页面时会听到动听的音乐，这是因为该网页添加了背景音乐。Dreamweaver CS6 可以在代码视图中为网页添加背景音乐，在<body>和</body>之间输入<bgsound>标签添加背景音乐，该标签的属性列表中有属性 balance、delay、loop、src 和 volume。

　　balance 属性：设置音乐的左右均衡。

　　delay 属性：设置音乐播放延时。

　　loop 属性：设置音乐循环次数。

src 属性：设置音乐文件的路径。

volume 属性：设置音乐音量。

一般在添加背景音乐时不需要为音乐设置左右均衡以及延时等属性，只需设置 src 和 loop 属性即可，最后的代码如下（图 3-31）：

<bgsound src="../music/04 Visible Wings.mp3" loop="-1" />

```
<body>
<bgsound src="../music/04 Visible Wings.mp3"  loop="-1" />
</body>
</html>
```

图 3-31 添加背景音乐代码

其中，loop="-1"表示音乐无限循环播放，如果要设置播放次数，则改为相应的数字即可。保存网页，在浏览器中预览就可以听见背景音乐的播放效果了。

3.3.5 网页中插入其他媒体文件

网页中的多媒体除了 Flash 动画、FLV 视频和音频文件外，还有一些其他类型的多媒体文件，例如 Shockwave 影片、Applet 程序等。

1. 插入 Shockwave 影片

Shockwave 是由 Adobe 公司指定的一种可以与用户交互的多媒体文件，可以快速下载并在浏览器中播放。Shockwave 影片可以集动画、位图视频和声音于一体，并组成一个交互式界面。插入 Shockwave 影片后，代码视图中将添加<object>和<embed>标签，以便在各种浏览器中播放。

执行"插入"→"媒体"→"Shockwave"命令，插入站点中的各种多媒体，比如图像、音频、视频、Java applets、ActiveX、PDF、Flash 等，文件格式可以是 midi、wav、aiff、au、mp3 等。页面中插入 Shockwave 影片后，需要给浏览器安装 Adobe Shockwave Player 播放器，如图 3-32 所示。

图 3-32 安装 Adobe Shockwave Player 对话框

由于 Shockwave Player 的安装普及率远远低于 Flash Player，因此在插入 Flash 影片时，多选用"插入"→"媒体"→"SWF"命令完成。

2. 插入 Applet

Applet 是指采用 Java 创建的基于 HTML 的程序，浏览器将其暂时下载到用户的硬盘上，并在网页打开时在本地运行。在网页中可以嵌入 Applet 程序来实现各种各样的精彩效果。Applet 程序的扩展名为*.class，执行"插入"→"媒体"→"Applet"命令，在站点中选择包含 Java Applet 的文件，即可插入网页中。

Applet 的"属性"面板如图 3-33 所示。

图 3-33 Applet 的"属性"面板

各参数选项的含义如下。

- Applet 名称：指定 Java 程序的名称。
- 宽/高：指插入对象的宽度和高度，默认单位为像素，也可以指定 pc（十二点活字）、pt（磅）、in（英寸）、mm（毫米）、cm（厘米）、%（相对于父对象值的百分比）等单位。单位缩写必须紧跟在值后，中间不能有空格。
- 代码：指定包含 Java 代码的文件。
- 基址：标志包含选定 Java 程序的文件夹，当选择程序后，该文本框将自动填充。
- 对齐：设置影片在页面上的对齐方式。
- 替换：如果用户的浏览器不支持 Java 程序或者 Java 被禁止，则该选项将制定一个替代显示的内容。
- 垂直边距/水平边距：指在页面上插入的 Applet 四周的空白数量值。
- 参数：可以在打开的对话框中输入 Shockwave 和 Flash 影片、Applet 等共同使用的参数，将为插入对象设置相应的属性。

3.4 超链接

3.4.1 基本概念

超链接是网页设计中非常重要的部分，它可以将互联网上众多的网站和网页联系起来，使畅游网络变得便捷。

1. 超链接

超链接是指从一个网页指向一个目标的连接关系，这个目标可以是另一个网页，也可以是相同网页上的不同位置，还可以是文本、图像、电子邮件地址、文件等，甚至是一个应用程序。超链接是连接网页之间的桥梁。

超链接由源端点和目标端点两部分组成，其中设置链接的一端为源端点，跳转到的页面或对象为目标端点。如单击图 3-34 中的"新闻"选项卡，打开如图 3-35 所示的页面，在这个超链接中，图 3-34 百度首页的"新闻"为源端点，图 3-35 百度新闻页面为目标端点。

2. 超链接类型

按链接路径的不同，超链接分为内部链接和外部链接。内部链接的目标端点位于站点内部，通常使用相对路径。外部链接的目标端点位于其他网站中（本站点之外），通常使用绝对路径。

图 3-34　百度首页

图 3-35　百度新闻页面

- 绝对路径：链接中使用完整的 URL 地址的链接路径，一般用于链接外部网站或外部资源，如 http://www.baidu.com。
- 相对路径：以链接源端点所在位置为参考基础而建立的路径。当保存于不同目录的网页引用同一个文件时，使用的路径不相同，故称为相对，一般用于同站点内不同文件之间的链接。其中，"../" 为上一层目录；"./" 为当前目录，一般可省略。

按使用对象的不同，超链接分为文本链接、图像链接、邮件链接、热点链接、空链接、下载链接、锚记链接等。

3.4.2　设置超链接

1、创建超链接

创建超链接的常用方法有以下三种：

（1）在属性检查器上的"链接"编辑框中直接输入要链接对象的路径。

（2）单击"链接"编辑框右侧的"浏览文件"按钮，在弹出的"选择文件"对话框中选择链接对象。

（3）单击并拖动"链接"编辑框右侧的"指向文件"按钮到"文件"面板的文件上实现链接。

属性检查器上的"链接"编辑框下方的"目标"表示打开链接文档的方式，默认在当前窗口中打开链接网页。表 3-2 为目标窗口选项说明。

表 3-2　目标窗口选项说明

窗口	说明
_blank	在新建的窗口中打开
_new	在同一个新创建的窗口中打开
_parent	如果是嵌套的框架，则在父框架中打开
_self	在当前网页所在窗口打开（默认方式）
_top	在完整的浏览器窗口打开

2．取消超链接

当创建的超链接错误或不需要时可以取消超链接。选中已设置超链接的对象，删除属性检查器"链接"编辑框中的内容即可取消超链接。

3.4.3　常用超链接

常用超链接有文本链接、图像链接、热点链接、电子邮件链接、下载链接、空链接、锚记链接等。

1．文本、图像链接

文本链接是以文本为对象的超级链接，链接的源端点是文本。图像链接是以图像为对象的超级链接，链接的源端点是图像。这两种链接是网页中最常见、最简单的链接方式。

要创建文本链接、图像链接，首先选定需设置链接的文本或图像，然后根据 3.4.2 中提到的创建超链接的方法设置链接路径，最后选择链接的目标窗口。

例 3-1　在网站 book 中创建相关的文本链接和图像链接。

（1）打开 Dreamweaver CS6，创建站点，在"文件"面板中双击打开"index.html"文件，如图 3-36 所示。

（2）选定如图 3-37 所示的导航中的文本"书籍分类"，单击属性检查器上"链接"编辑框右侧的"浏览文件"按钮，在弹出的"选择文件"对话框中选择网页文件"type.html"，单击"确定"按钮；或直接在"链接"编辑框中输入"type.html"。

图 3-36　book 主页

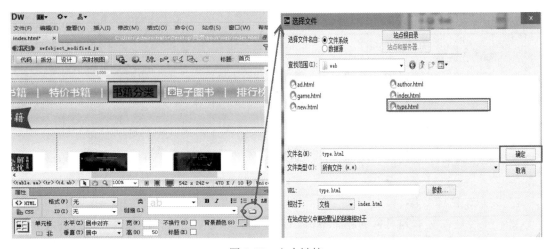

图 3-37　文本链接

（3）选定图 3-38 所示的图像"新书排行榜"，在属性检查器上单击并拖动"链接"编辑框右侧的"指向文件"按钮，到"文件"面板的"new.html"实现图像链接。同理，可为图像"热门作者"创建到"author.html"的链接。

2. 热点链接

热点链接又称热区链接或图像映射，是指使用热点工具将一张图片划分为多个区域，并为这些区域分别设置链接。

要创建热点链接，首先选定图像，利用图 3-39 所示的属性检查器上的热点工具绘制热区，然后为绘制的热区设置链接路径，最后选择链接目标窗口。

图 3-38　图像链接

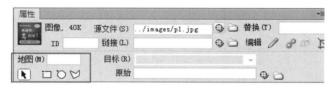

图 3-39　热点工具

热点工具有矩形、圆形和多边形热点工具，利用这些工具在选定的图像上单击并拖动鼠标即可绘制出热点区域。

例 3-2　在网站 book 中创建热点链接。

（1）打开 Dreamweaver CS6，创建站点，在"文件"面板双击打开"type.html"文件。

（2）选定图像"s5.jpg"，利用热点工具在图像上为"书籍分类"绘制矩形热区，在属性检查器上"链接"编辑框右侧删除"#"，直接输入"game.html"，如图 3-40 所示。

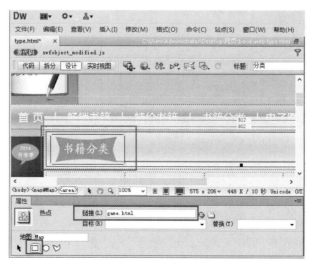

图 3-40　热点链接

提示：图像链接是图像作为一个整体的链接；热点链接可以根据需要选择图像的一部分或某些区域进行链接。

3. 电子邮件链接

使用电子邮件链接可以方便地给网站管理者发送邮件。单击网页中的邮件链接可打开 Outlook Express 的"新邮件"窗口，即可书写和发送邮件。

创建电子邮件链接，首先需选定设置邮件链接的对象，然后在"链接"编辑框输入"mailto：电子邮件地址"，或选择菜单"插入"→"电子邮件链接"命令，在打开的对话框中设置链接，如图 3-41 所示。

图 3-41　"电子邮件链接"对话框

例 3-3　在网站 book 中为文件 index.html 版权区域的"联系我们"创建电子邮件链接。

（1）打开 Dreamweaver CS6 创建站点，在"文件"面板双击打开 index.html 文件。

（2）选定版权区域的"联系我们"，在属性检查器"链接"编辑框内直接输入"mailto:bookshop@126.com"，如图 3-42 所示。

图 3-42　电子邮件链接

4. 下载链接

下载链接是指单击某链接时会打开一个"文件下载"对话框（或自动启动下载工具），在该对话框中单击"打开"或"保存"按钮，可以打开或下载文件。通常文件的格式是 exe、zip、rar 类型时，浏览器无法直接打开，可用下载链接实现。

例 3-4　在网站 book 中为文件 type.html 内的"电子图书"部分创建下载链接。

（1）打开 Dreamweaver CS6 创建站点，在"文件"面板双击打开 type.html 文件。

（2）选定"电子图书"部分"中国的历史"下方的文本"下载"，在属性检查器上单击并拖动"链接"编辑框右侧的"指向文件"按钮 到"文件"面板的 Ebook.rar 实现下载链接，如图 3-43 所示。

图 3-43 下载链接

5. 空链接

空链接用来激活页面中的对象或文本，只有链接的形式，没有具体的链接内容。创建空链接时，首先选中需设置空连接的对象，然后在"链接"编辑框输入"#"即可。

【练习】在网站 book 中为文件 index.html 导航区的文本"排行榜"创建空链接。

6. 锚记链接

锚记链接的目标端点是网页中的命名锚点，利用这种链接可以跳转到当前网页中某个指定的位置上。

创建锚记链接时，首先需创建命名锚记 ，也就是在网页中设置位置标记，并命名。然后选中链接对象，在"链接"编辑框输入"#锚点名"。

例 3-5 在网站 book 中为文件 index.html 底部的 Top 创建锚记链接，单击 Top 后使网页返回页面顶端。

（1）打开 Dreamweaver CS6 创建站点，在"文件"面板双击打开"index.html"文件。

（2）将光标置于 index.html 页面左上角，选择菜单"插入"→"命名锚记"命令，在图 3-44 的"命名锚记"对话框内输入锚记名称 abc，单击"确定"按钮后发现页面左上角出现锚记符号，如图 3-45 所示。

图 3-44 "命名锚记"对话框

图 3-45　出现锚记符号

（3）选定页面底部文本 Top，属性检查器编辑框内输入"#abc"即可实现锚记链接，如图 3-46 所示。

图 3-46　锚记链接

3.5　课堂案例——制作"中国航天"网站

在本案例中将分别制作"中国航天"网站的首页和视频网页，综合运用本章学习的知识点创建和编辑网页元素。

3.5.1　案例目标

制作"中国航天"网站中的网页，在其中插入文本、图像、视频等网页元素，并进行编辑，展示中国航天事业相关新闻，效果如图 3-47 和图 3-48 所示。

图 3-47　"中国航天"首页效果

图 3-48　"中国航天"视频页面效果

3.5.2　操作思路

根据练习目标，结合本章知识，具体操作思路如下：

（1）启动 Dreamweaver CS6，新建站点，打开主页 index.html 网页，主页标题设为"中国航天-首页"。

（2）设置页面背景颜色为"#CCC"，文本颜色为"#FFF"。

（3）在页面第一行单元格中插入素材中的图像 Banner.jpg，在保持图像原始比例的基础上调整图像宽度为 1000px，如图 3-49 所示。

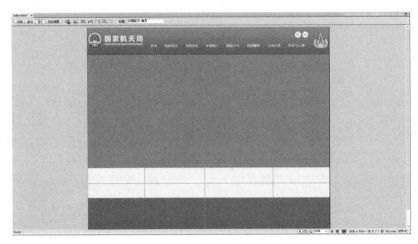

图 3-49　插入 Banner.jpg 效果

（4）在页面第二行插入素材中的图像文件 Logo.jpg，在保持图像原始比例基础上调整图像宽度为 1000px，如图 3-50 所示。

图 3-50　插入视频文件"中国航天.mp4"效果

（5）在视频下方相应单元格中依次插入图像文件"1 火箭产品.jpg""2 卫星产品.jpg""3 航天器产品.jpg""4 飞船产品.jpg""5 探月与深空探测.jpg""6 高分专项.jpg""7 载人航天工程.jpg""8 北斗导航系统.jpg"，如图 3-51 所示。

（6）在图像下方单元格中输入素材中"文字.txt"中的文本，根据样张设置列表，新建标题文字 CSS 样式 btwz，选择器类型为"类"，格式为"黑体，24 号字"，应用到两段文本中的标题内容，如图 3-52 所示。

（7）在站点内新建网页"中国航天-视频.html"，页面标题设为"中国航天-视频"，设置页面背景色为"#CCC"。

图 3-51　插入图像文件效果

图 3-52　设置文本列表效果

（8）在页面第一行插入图像文件 Banner.jpg，在保持图像原始比例的基础上调整图像宽度为 1000px，并设置段落居中。

（9）在图像后换行，插入视频文件"中国航天.mp4"，设置视频窗口宽度为 800px，高度为 600px，保存页面"中国航天-视频"，如图 3-53 所示。

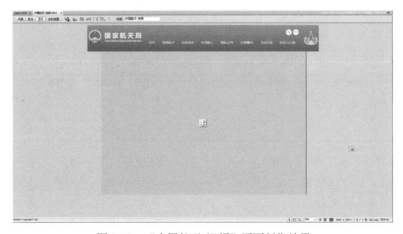

图 3-53　"中国航天-视频"页面制作效果

（10）在网站首页导航条中的"中国航天"区域绘制图像矩形热区，如图 3-54 所示，超链接到页面"中国航天-视频.html"，保存页面。

图 3-54　绘制图像热区

（11）在网站首页的图像"卫星产品.jpg"处设置超链接到网站中的页面"卫星.html"，如图 3-55 所示，保存页面。

图 3-55　设置图像超链接

（12）打开网站中的页面文件"卫星.html"和"中国航天-视频.html"，分别设置导航条中"首页"区域绘制图像矩形热区，超链接到页面 index.html，保存当前页面。

（13）在浏览器中测试网站首页及各超链接。

3.6　本章小结

本章重点学习网页中的基本对象：文本、图像、多媒体对象和超链接。其中文本作为网页最基本的元素，不仅表达的网页信息较多、打开速度快，而且便于搜索引擎对网页的查找和检索。因此，本章学习了使用 CSS 设置网页中文本的外观，使得文本在网页中的效果更加美观多样。图像和多媒体对象也是网页中不可或缺的元素，本章中我们学习到图像及多媒体对象的插入方法，适当地使用这类对象可以增强网页的娱乐性和感染力。超链接也是网页设计中重要的一部分，它能把互联网上众多网页和网站联系起来，从而构成一个整体。然后，本章介绍了网页中的超链接，以及超链接的路径、内部链接、外部链接的概念，讲解了空链接、电子邮件超链接、下载链接、锚记链接等的创建方法。通过本章的学习，可读者可以制作出更丰富精彩的网页，实现强大的页面控制能力。

3.7　课后习题——制作"中国航天"网站

根据提供的素材网页，制作"中国航天"网站中的网页"火箭.html""航天器.html""飞船.html"，并设置各网页之间的超链接，效果如图 3-56 至图 3-58 所示。

提示：复制站点内的网页"卫星.html"，依次修改网页内的图片文件、大小和网页文本，根据网页内容对不同的文本应用 CSS 样式，并设置各网页之间的超链接。

图 3-56　"火箭.html"效果

图 3-57　"航天器.html"效果

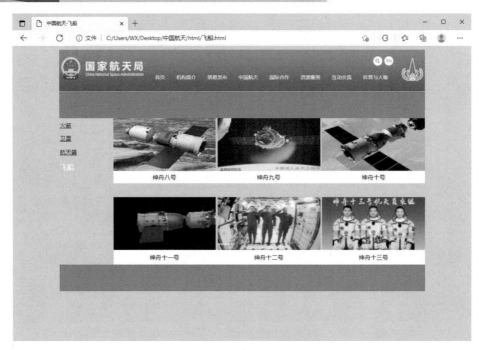

图 3-58　"飞船.html"效果

第 4 章　AP Div 和行为

学习要点：

➢ Ap Div 的基本操作
➢ 行为的概念
➢ 网页中的常见行为

学习目标：

➢ 掌握 AP Div 的创建及属性设置
➢ 掌握网页中的常见行为设置方法
➢ 掌握 AP Div 和行为的结合设置网页动态效果

导读：

在前面的网页设计中，文本、图像、多媒体对象和链接等都能够作为网页设计的元素，本章学习的 AP Div 在网页设计中也能充当设计元素的角色。AP Div 作为一种容器类元素，还可以承载其他设计元素，如文本、图像、插件和表单等。与其他元素相比，AP Div 具有在网页中定位自由、多个 AP Div 可重叠等特点，因此，AP Div 还兼具网页排列和布局的功能。

要使制作的网页能够使浏览者赏心悦目，需要知己知彼，百战不殆。了解用户浏览网页的习惯，在制作网页时添加一些能够与用户互动的网页效果，可以大大增强网站的观赏性和浏览量。本章我们可以通过 Dreamweaver CS6 软件来设置网页中的行为，使网页与用户产生更多互动。

4.1　AP Div

4.1.1　AP Div 简介

1. AP Div 的含义

AP Div 也称层，不仅可以布局网页，而且可以与行为结合，实现一些特殊效果。AP Div 可以理解为浮动在网页上的一个页面，它可以准确地被定位在网页中的任何位置。

可以在 AP Div 中插入文字、图像、表单、表格等元素。针对 AP Div，可以进行叠放、改变次序、更改尺寸、显示隐藏等设置。

2. AP Div 的创建

AP Div 的创建有以下三种方法，图 4-1 为网页文档中插入 AP Div 的效果。

（1）选择"插入"→"布局对象"→AP Div 命令，即可插入一个 AP Div。

（2）将"插入"面板→"布局"→"绘制 AP Div"按钮拖曳到文档窗口中，即插入一个默认的 AP Div。

（3）单击"插入"→"布局"→"绘制 AP Div"按钮，在文档窗口单击并拖曳鼠标，即可创建一个 AP Div。若要同时绘制多个 AP Div，则在按住 Ctrl 键的同时绘制。

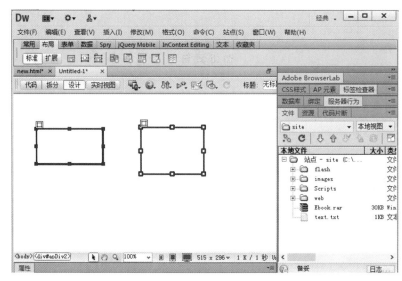

图 4-1　网页文档中插入 AP Div 的效果

3．AP Div 的基本操作

（1）选定 AP Div。

- 若选定一个 AP Div，在其边框上单击即可。
- 若选定多个 AP Div，按住 Shift 键逐个单击选择。

（2）AP Div 中插入元素。首先将光标定位在 AP Div 中，然后插入各元素。

（3）移动、更改尺寸、删除。

- 移动 AP Div：鼠标光标放在 AP Div 边框上呈"十"字符号时拖动即可。
- 更改尺寸：选定 AP Div 后，鼠标光标呈方向箭头符号时拖动；或在属性检查器上更改宽和高。
- 删除 AP Div：选定 AP Div 后，按 Delete 键或在 AP Div 上右击，在弹出的快捷菜单上选择"删除标签"命令。

（4）对齐 AP Div。对齐功能可以使两个或两个以上的 AP Div 按照某边界对齐，方法是先选定所有的 AP Div，再选择"修改"→"排列对齐"的某个菜单命令。在菜单中共有以下四种对齐方式。

- 左对齐：以最后选定的 AP Div 的左边线为标准，对齐排列 AP Div。
- 右对齐：以最后选定的 AP Div 的右边线为标准，对齐排列 AP Div。
- 上对齐：以最后选定的 AP Div 的顶边为标准，对齐排列 AP Div。
- 对齐下缘：以最后选定的 AP Div 的底边为标准，对齐排列 AP Div。

4．AP Div 属性设置

AP Div 属性设置可通过属性检查器实现，如图 4-2 所示。

图 4-2　AP Div 属性检查器

在属性检查器上可以命名 AP Div，设置宽高度、可见性、背景图像或颜色、溢出等。

- CSS-P 元素：AP Div 的名字，默认设置。
- 左/上：AP Div 左边框、上边框与文档左边界、上边界的距离。
- 宽/高：AP Div 的宽度和高度。
- Z 轴：在垂直平面方向上 AP Div 的顺序号。
- 可见性：AP Div 的可见性，包括"default"（默认）、"inherit"（继承）、"visible"（可见）、"hidden"（隐藏）四个选项。
- 背景图像：用来为 AP Div 设置背景图像。
- 背景颜色：用来为 AP Div 设置背景颜色。
- 类：添加对所选 CSS 样式的引用。
- 溢出：AP Div 内容超过 AP Div 大小时的显示方式，有"visible""hidden""scroll""auto"四个选项。
- 剪辑：指定 AP Div 的哪部分是可见的，输入的值是距离 AP Div 四个边界的距离。

5."AP 元素"面板

"AP 元素"面板主要用来管理网页中的 AP Div。使用该面板可防止重叠、更改 AP Div 的可见性、嵌套或堆叠 AP Div 及选择一个或多个 AP Div。

图 4-3 中，　可设置 AP Div 的可见性，ID 列下的"apDiv*n*"表示每个 AP Div 的名称，Z 列下的 1、2、3 表示 AP Div 的堆叠顺序。

图 4-3　"AP 元素"面板

4.1.2　AP Div 的应用

AP Div 不但可以布局网页，而且可以与行为结合应用产生动态效果。

1. 拖动 AP 元素

在网页中直接插入的对象在浏览器中是不能拖动改变位置的，但如果把对象放在 AP Div 中，利用拖动 AP 元素行为就可以实现对象在浏览时任意拖放。

例 4-1　在网站 book 中为文件 game.html 中的图像设置拖动元素行为,要求网页打开后图像可拖动至相应的分类购物袋中。

（1）打开 Dreamweaver CS6 创建站点，在"文件"面板中双击打开 game.html 文件。

（2）将光标置于"game.html"页面内，打开"行为"面板，单击"添加行为"按钮 **+**，在弹出的列表中选择"拖动 AP 元素"命令，如图 4-4 所示。

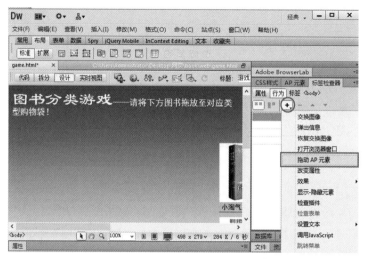

图 4-4 选择"拖动 AP 元素"命令

（3）打开"拖动 AP 元素"对话框，如图 4-5 所示，在"AP 元素"下拉列表框中选择要拖动的 AP Div 名称，单击"确定"按钮。

图 4-5 "拖动 AP 元素"对话框

（4）事件选择"onLoad"，其他 AP Div 的设置方法同上。保存文件并预览查看效果。

2. 显示-隐藏元素

显示-隐藏元素可以设置显示、隐藏一个或多个 AP Div。当用户与页面交互时，可实现相应的效果。

例 4-2 在网站 book 中为文件 author.html 内的图像 rw2.jpg 设置显示-隐藏效果。要求鼠标移至图像上方时，图像右侧单元格显示作者信息；鼠标离开图像时，显示的作者信息隐藏。相关作者信息请查看文件夹 book 内的 text.txt。

（1）打开 Dreamweaver CS6，创建站点，在"文件"面板中双击打开 author.html 文件。

（2）在图像 rw2.jpg 右侧单元格内插入一个 AP Div，要求尺寸和单元格尺寸一致，AP Div 内输入作者毕淑敏的信息，为文本应用 CSS 样式".cb"，如图 4-6 所示。

图 4-6　创建 AP Div 并输入信息设置 CSS 样式

（3）选中图像 rw2.jpg，打开"行为"面板，单击"添加行为"按钮 ，在弹出的列表中选择"显示-隐藏元素"命令，打开"显示-隐藏元素"对话框，将 apDiv2 设为"显示"，单击"确定"按钮。选择事件为 onMouseOver，如图 4-7 所示。

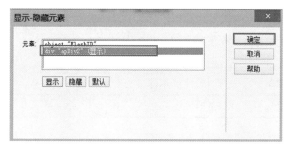

图 4-7　设置行为

（4）继续打开"行为"面板，单击"添加行为"按钮 ，在弹出的列表中选择"显示-隐藏元素"命令。打开"显示-隐藏元素"对话框，将 apDiv2 设为"隐藏"，单击"确定"按钮。选择事件为"onMouseOut"。

（5）保存文件并预览查看效果。同理，为图像"rw3.jpg"和"rw4.jpg"设置显示-隐藏元素。

4.2　行为

在网页中合理地使用行为，可以实现许多动态效果，从而使网页变得活泼、生动，使浏览者流连忘返。在 Dreamweaver CS6 中，用户可以非常方便地向网页及其对象添加行为，可以非常高效地实现预期效果。

4.2.1 基本概念

1. 行为

行为是响应某个事件而采取的动作,通过动作实现用户与网页的交互,或使某个任务被执行。行为实际上是在网页中调用 JavaScript 等脚本语言,以实现网页的动态效果。在 Dreamweaver CS6 中,应用行为免去了编写代码的麻烦,使网页制作更加便捷,尤其对初学者非常适用。

2. 行为组成

行为由事件和动作两部分组成。事件是指用户的操作,它是触发动态效果的原因,可以被附加到各种网页元素上,也可以被附加到 HTML 标签中。动作是指发生什么,即最终完成的动态效果,如打开浏览器窗口、弹出信息等。一般的行为都是由事件激活动作。常用事件及动作见表 4-1 和表 4-2。

表 4-1　常用事件及其说明

事件名称	事件说明
onLoad	在浏览器中加载完网页时发生的事件
onUnload	当访问者离开页面时发生的事件
onClick	单击对象(如超链接、图片、按钮等)时发生的事件
onDblClick	双击对象时发生的事件
onFocus	对象获得焦点时发生的事件
onMouseDown	单击鼠标左键(不必释放鼠标键)时发生的事件
onMouseMove	鼠标指针经过对象时发生的事件
onMouseOut	鼠标指针离开选定对象时发生的事件
onMouseOver	鼠标指针移至对象上方时发生的事件
onMouseUp	当按下的鼠标按键被释放时发生的事件

表 4-2　常用动作及其说明

动作名称	动作说明
打开浏览器窗口	在新窗口中打开网页,并可设置新窗口的宽度、高度等属性
弹出信息	显示指定信息的 JavaScript 警告
交换图像	将一个图像与另一个图像进行交换
恢复交换图像	将最后一组交换的图像恢复为以前的源文件
预先载入图像	将不会立即出现在网页上的图像加载到浏览器缓存中
显示-隐藏元素	显示、隐藏一个或多个 AP 元素
拖动 AP 元素	允许用户拖动 AP 元素
设置状态栏文本	在浏览器左下角的状态栏中显示信息
转到 URL	发生指定事件时跳转到指定网页
改变属性	改变对象的属性
跳转菜单	选择菜单实现跳转

3．行为面板

在 Dreamweaver CS6 右侧面板组选择"标签检查器"→"行为"命令即可打开"行为"面板，或选择"窗口"→"行为"菜单命令打开，如图 4-8 所示，创建与编辑行为均在"行为"面板中完成。

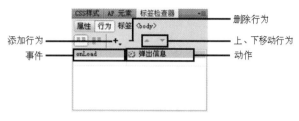

图 4-8　"行为"面板

4.2.2　应用行为

行为可以应用于 HTML 标签、图像、文本等各网页元素。如果要对某个对象应用行为，则首先需选定对象，然后单击"行为"面板上的"添加行为"按钮 ，在打开的列表中选择动作，最后设定事件。

提示：添加动作后，"行为"面板自动出现事件，但不一定是需要的事件，因此可根据需要调整事件。

下面通过几个实例学习行为的应用，如设置状态栏文本、打开浏览器窗口、弹出信息、交换图像与恢复交换图像等。

1．设置状态栏文本

通过应用行为，可以在网页的状态栏上显示设定好的文字信息。

例 4-3　在网站 book 中为文件 index.html 的状态栏添加文本"欢迎光临 Bookshop 网站！"，要求网页打开时显示文本内容。

（1）打开 Dreamweaver CS6，创建站点，在"文件"面板中双击打开 index.html 文件。

（2）单击文档窗口下方状态栏中的"<body>"标签（代表选中整个网页内容），打开"行为"面板，单击"添加行为"按钮 ，在弹出的列表中选择"设置文本"→"设置状态栏文本"命令，如图 4-9 所示。

图 4-9　选择"设置状态栏文本"命令

（3）打开"设置状态栏文本"对话框，如图 4-10 所示，在"消息"文本框中输入"欢迎光临 Bookshop 网站！"，单击"确定"按钮。

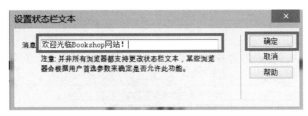

图 4-10　"设置状态栏文本"对话框

（4）在"事件"下拉列表中选择 onLoad 命令，表示网页下载完毕后即显示设置的状态栏文本，如图 4-11 所示。

图 4-11　选择 onLoad 命令

（5）保存文件并预览，打开网页后可以看到状态栏中的文本，如图 4-12 所示。

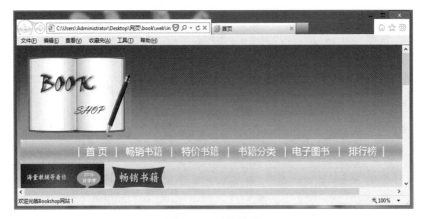

图 4-12　预览效果

2．打开浏览器窗口

使用该动作可在新的浏览器窗口打开一个网页文档，并定义窗口属性。

例 4-4　在网站 book 中为文件 index.html 添加"打开浏览器窗口"行为，要求单击网页左上方图像 logo2.jpg 时，浏览器新窗口打开网页 ad.html。

（1）打开 Dreamweaver CS6，创建站点，在"文件"面板中双击打开 index.html 文件。

（2）单击选定文档左上方图像 logo2.jpg，打开"行为"面板，单击"添加行为"按钮 **+,**，在弹出的列表中选择"打开浏览器窗口"命令，如图 4-13 所示。

图 4-13　选择"打开浏览器窗口"命令

（3）打开"打开浏览器窗口"对话框，单击"要显示的 URL"编辑框右侧的"浏览"按钮，在打开的"选择文件"对话框中选择网页 ad.html，单击"确定"按钮，如图 4-14 所示。

图 4-14　设置"要显示的 URL"

（4）回到"打开浏览器窗口"对话框，设置"窗口宽度"和"窗口高度"均为 500，"窗口名称"为 ad，单击"确定"按钮，如图 4-15 所示。

（5）在"事件"下拉列表中选择 onClick 命令，表示单击图像 logo2.jpg 即打开浏览器新窗口，如图 4-15 所示。

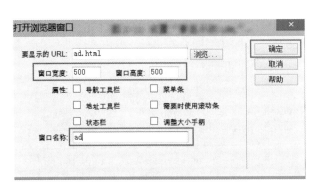

图 4-15　设置浏览器窗口属性及事件

（6）保存文件并预览，新窗口显示内容为 ad.html，如图 4-16 所示。

图 4-16　预览效果

3．弹出信息

该行为动作弹出 JavaScript 警告框，可以向用户提供信息。

例 4-5　在网站 book 中为文件 type.html 添加"弹出信息"行为，要求打开网页时，弹出信息"请查看书籍分类！"。

（1）打开 Dreamweaver CS6，创建站点，在"文件"面板中双击打开 type.html 文件。

（2）单击文档窗口下方状态栏中的"<body>"标签，打开"行为"面板，单击"添加行为"按钮 +., 在弹出的列表中选择"弹出信息"命令，如图 4-17 所示。

（3）打开"弹出信息"对话框，在"消息"编辑框输入"请查看书籍分类！"，然后单击"确定"按钮，如图 4-18 所示。

图 4-17　选择"弹出信息"命令

（4）在"事件"下拉列表中选择 onLoad 命令，如图 4-18 所示。

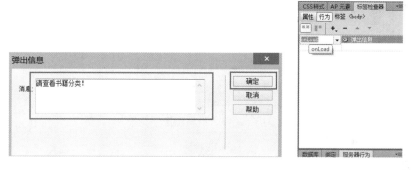

图 4-18　添加信息及设置事件

（5）保存文件并预览，打开网页 type.html 后弹出消息框，显示"请查看书籍分类！"，如图 4-19 所示。

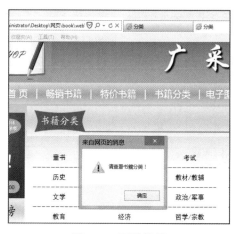

图 4-19　预览效果

4. 交换图像与恢复交换图像

交换图像可以通过改变 img 标签的 src 属性将一幅图像变换为另一幅图像。恢复交换图像是指将交换图像还原为初始图像。

例 4-6 在网站 book 中为文件 new.html 添加"交换图像与恢复交换图像"行为，要求鼠标移至相应图像上方时，图像变为另一幅图像；鼠标离开图像时，图像恢复为原始图像。

（1）打开 Dreamweaver CS6，创建站点，在"文件"面板中双击打开 new.html 文件。

（2）在网页中"NO.3"上方单元格内插入并选中图像 b10.jpg，打开"行为"面板，单击"添加行为"按钮 ＋，在弹出的列表中选择"交换图像"命令，如图 4-20 所示。

图 4-20　选择"交换图像"命令

（3）打开"交换图像"对话框，单击"设定原始档为"编辑框右侧的"浏览"按钮，在打开的"选择图像源文件"对话框中选择图像 b10a.jpg，返回"交换图像"对话框，勾选"预先载入图像"和"鼠标滑开时恢复图像"，单击"确定"按钮，如图 4-21 所示。

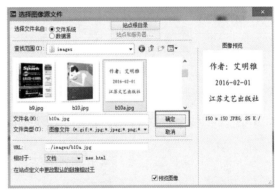

图 4-21　设置"设定原始档"

提示："预先载入图像"是指图像预先下载到浏览器缓存中，当需要显示图像时能快速显示。若该步骤中没有勾选"鼠标滑开时恢复图像"复选框，则在设置完成"交换图像"行为后，需在"行为"面板中添加"恢复交换图像"动作并设置事件来达到预期效果。

（4）在"事件"下拉列表中交换图像选择 onMouseOver 命令，恢复交换图像选择 onMouseOut 命令，如图 4-22 所示。

图 4-22　设置事件

（5）保存文件并预览效果。

4.2.3　编辑行为

1．修改行为

创建行为后，若要修改，可在"行为"面板完成。

修改行为，首先要选定应用了行为的对象，然后在"行为"面板中双击相应的动作名称（或在行为上右击，选择"编辑行为"命令），在打开的对话框中修改；若修改事件，则直接在事件下拉列表中选择所需事件即可。

提示：当"行为"面板有多个行为时，若要更改行为的顺序，可先选定该行为，再单击面板上方的▲或▼按钮上移或下移。

2．删除行为

若不需要创建的行为了，则可将其删除。删除行为有以下三种方法：

（1）选中行为，单击"行为"面板上的"删除行为"按钮━。

（2）选中行为，按 Delete 键。

（3）在行为上右击，在弹出的快捷菜单中选择"删除行为"命令。

4.3　课堂案例——制作"西安翻译学院"首页

本案例中将分别制作学校网站的首页和学校网站中的子页，综合运用本章学习的知识点创建和编辑网页元素。

4.3.1　案例目标

主要制作学校网站的主页，在其中插入并编辑图像、视频等多媒体文件，展示一些校园图像、重要通知、热点内容等，效果如图 4-23 所示。

图 4-23　"西安翻译学院"首页效果

4.3.2　操作思路

根据练习目标，结合本章知识，具体操作思路如下：

（1）启动 Dreamweaver CS6，新建站点，创建主页 index.html 网页，主页标题设为"西安翻译学院-首页"。

（2）设置页面背景颜色为"#CCC"，文本颜色为"#FFF"。

（3）在页面第一行插入素材中的图像"效果图_02.gif""效果图_03.gif""效果图_04.gif"，换行后插入图像"效果图_06.gif"。

（4）在页面左侧依次绘制四个 Ap Div 层（Ap Div1～Ap Div4），每个层的宽度为 490px，高度为 460px，左边距为 10px，上边距为 210px。

（5）在四个 Ap Div 中分别插入图像"jhtx1.jpg""jhtx2.jpg""jhtx3.jpg""jhtx4.jpg"，设置四个图像文件的尺寸和层窗口尺寸相同。

（6）在左侧图像上依次绘制四个 Ap Div 层，依次输入序号 1、2、3、4，设置层背景颜色为"#0000FF"，设置四个层的宽度为 25px，高度为 25px，左边距为 20px，适当设置上边距，调整位置如图 4-24 所示。

（7）在相册的右侧绘制一个 Ap Div 层，设置宽度为 500px，高度为 460px，左边距为 705px，上边距为 210px，背景颜色吸取导航条中的背景色。

（8）在右侧的层中输入标题"欢迎报考西安翻译学院"，应用"标题 2"格式，设置从右向左的滚动方式。

（9）标题下方插入三条水平线，宽度为 480px，颜色为"#FFFF00"。

（10）根据样张插入列表文字，内容来自素材中的"首页文字.txt"，设置嵌套列表。

（11）设置列表下方的文字 more 为空链接，如图 4-25 所示。

图 4-24 页面左侧 Ap Div 效果

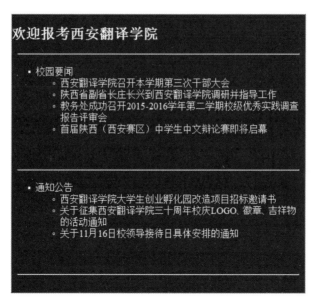

图 4-25 页面右侧 Ap Div 效果

（12）将页面中的光标定位到页面底端，依次插入图像"logo_01.gif""logo_02.gif"
"logo_03.gif""logo_04.gif""logo_05.gif""logo_06.gif""logo_07.gif""logo_8.gif"
"logo_9.gif""logo_10.gif""logo_11.gif"。

（13）依次为页面左侧的四个按钮层（Ap Div5～Ap Div8）添加"显示-隐藏元素"的行
为，见表 4-3。

（14）在站点内新建网页 xygk.html，设置页面标题为"西译概况"，页面背景色为"#0CF"，
文本颜色为"#FFF"。

（15）在页面第一行输入标题"学院简介"，应用"标题 1"格式，并设置段落居中。

表 4-3　行为设置表

对象	动作	事件
Ap Div5	onMouseOver	Ap Div1 显示，Ap Div2 隐藏 Ap Div3 隐藏，Ap Div4 隐藏
Ap Div6	onMouseOver	Ap Div1 隐藏，Ap Div2 显示 Ap Div3 隐藏，Ap Div4 隐藏
Ap Div7	onMouseOver	Ap Div1 隐藏，Ap Div2 隐藏 Ap Div3 显示，Ap Div4 隐藏
Ap Div8	onMouseOver	Ap Div1 隐藏，Ap Div2 隐藏 Ap Div3 隐藏，Ap Div4 显示

（16）在标题下方插入水平线，在水平线下方插入图像"gk_03.jpg""gk_05.jpg""gk_07.jpg""gk_09.jpg"。

（17）在图像下方输入文字，内容来自素材"西译概况文字.txt"，保存页面。

（18）在网站首页的导航条中"西译概况"区域绘制图像矩形热区，如图 4-26 所示，超链接到页面 xygk.html。

图 4-26　绘制图像热区

（19）在站点内新建网页 newwindows.html，设置页面背景颜色为"#36F"，文本颜色为"#FFF"，页面字体为"隶书"。

（20）输入文字，内容来自素材"小窗口文字.txt"，保存页面。

（21）切换回首页 index.html，为页面添加行为"打开浏览器窗口"，设置打开主页时打开 newwindows.html 页面，小窗口宽度为 500px，高度为 400px，窗口名称为"西安翻译学院"。

（22）保存首页，并在浏览器中测试页面。

4.4　本章小结

本章学习的行为可以为网页增加动态效果，使得网页的内容更加丰富。其中对于行为的事件和动作的理解是难点，常见行为的设置是重点。而 AP Div 不但可以对网页进行布局，而且和行为结合使用后可以在网页中产生一些特殊的效果。本章学习了 AP Div 的创建、基本操作及与行为的综合应用，其中 AP Div 与行为的综合应用是需要重点掌握的内容，希望通过本节课的学习大家能够熟练掌握 AP Div 的应用，在以后网站的制作中实现美观的特效。

4.5　课后习题——制作"个人网站"首页

根据提供的素材网页制作"个人网站"的首页，要求插入的图像适合网页，字体符合网页的整体风格。完成后的效果如图 4-27 所示。

图 4-27　"个人网站"的首页效果

提示：要想图像适合网页，就需要在图像的"属性"面板中调整图像，为网页添加"交换图像""弹出信息"等行为需要在"行为"面板中进行设置。

第5章 使用表格布局网页

学习要点：

➢ 在网页中插入表格
➢ 编辑表格
➢ 使用表格布局网页

学习目标：

➢ 熟悉表格的基本概念
➢ 掌握在网页中插入表格的方法
➢ 掌握表格和单元格的属性设置方法
➢ 掌握使用表格布局的技巧

导读：

孟子曰："离娄之明，公输子之巧，不以规矩，不能成方圆；师旷之聪，不以六律，不能正五音；尧舜之道，不以仁政，不能平治天下。"凡事都有规矩，不以规矩，不成方圆。规矩既是规范、法则，又是标准、尺度。做人有行为规范，做事有行事规则。《管子·法法》中说道："虽有巧目利手，不如拙规矩之正方圆也。故巧者能生规矩，不能废规矩而正方圆；圣人能生法，不能废法以治国。"所以，尽管规矩需要视时立仪，与时俱进，需要不断地修改、修订，创新完善，但不可以一日无规矩，更不能不懂规矩，不讲规矩，不守规矩。古人有言，世有乱人而无乱法。可见，规矩不仅是方法论，而且含有世界观。

做人要讲规矩，做事也要讲章法，用表格布局网页也是如此。任何一个表格都是由行和列组成的，只有网页中的各对象合理布局，恰当地插入表格的条条框框（单元格）中，才能更准确、更美观地反映网页主题。

表格是现代网页制作的一个重要组成部分，主要用于布局网页元素。表格之所以重要，是因为它既可以实现网页的精确排版和定位，又可以美化网页，使页面在形式上既丰富多彩又有条理，从而使页面更加整齐有序。由于使用表格排版的页面在不同平台、不同分辨率的浏览器中都能保持原有的布局，因此表格是规划网页框架、布局网页的重要工具和手段。

5.1 表格概述

布局在网页设计中起着至关重要的作用，只有构建好网页布局，才能让网页中的元素"各就其位"，也才能制作出高水准的网页。表格是自网页出现以来使用最多、最容易上手的网页布局工具。在 Dreamweaver CS6 中，表格可用于网页文档的整体布局，也可用于制作简单的图表。下面学习表格在网页制作中的应用。

5.1.1　表格的基本概念

Dreamweaver CS6 中的表格（Table）是由一个或多个单元格构成的集合，表格中横向的多个单元格称为行（在 HTML 语言中以<tr>标签开始，</tr>标签结束），纵向的多个单元格称为列（以<td>标签开始，</td>标签结束），行与列交叉区域称为单元格，如图 5-1 所示。网页中的元素就放置在这些单元格中。单元格中的内容与边框之间的距离称为边距，单元格与单元格之间的距离称为间距，整张表格的边缘称为边框。

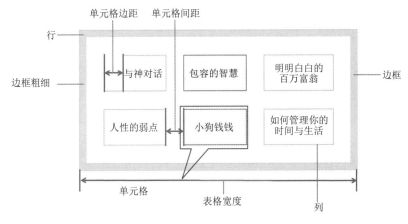

图 5-1　表格的各部分名称

5.1.2　表格的组成

一个完整的表格由多个 HTML 表格标签组合而成。其中<table>和</table>是表格的起始标签和终止标签；所有有关表格的内容均位于这两个标签之间。<tr>和</tr>是表格的行标签，出现几对<tr>和</tr>，表格就包含几行。<td>和</td>是表格的列标签，位于<tr>和</tr>之间，出现几对<td>和</td>，表格就包含几列。

一个 2 行 3 列的表格的 HTML 代码如下：

```
<table>
<tr>
<td>Dreamweaver</td>
<td>Dreamweaver</td>
<td>Dreamweaver</td>
</tr>
<tr>
<td>Dreamweaver</td>
<td>Dreamweaver</td>
<td>Dreamweaver</td>
</tr>
</table>
```

在此基础上，为表格及相关标签添加适当的属性，就构成了网页制作中千差万别的表格。

5.2 在网页中插入表格

表格不仅可以记载表单式的资料，规范各种数据和输入列表式的文字，还可以排列文字和图像。使用表格前，需要先插入表格。

5.2.1 插入表格

在网页文档中插入表格通常有以下三种方法。

（1）菜单命令。选择"插入"→"表格"菜单命令，弹出"表格"对话框，如图 5-2 所示，设置表格相关属性后，单击"确定"按钮，即可在网页中光标所在位置上插入表格。

图 5-2 "表格"对话框

（2）选择面板插入。选择"插入"面板中的"布局"选项卡，单击"表格"按钮，在"表格"对话框中创建表格。

（3）快捷键插入。使用 Ctrl+Alt+T 组合键，打开"表格"对话框。

"表格"对话框中各属性含义如下：

- "行数"和"列"：设置表格的行数和列数。
- "表格宽度"：设置表格宽度值，最常用的单位是像素或百分比。

提示：像素使用 0 或大于 0 的整数表示；百分比是相对于浏览器或其父级对象而言的，使用 0 或百分比表示。二者的区别在于：当浏览器窗口或其父级对象的宽度发生变化时，使用百分比作为单位的表格宽度将随浏览器窗口发生同比例变化，而使用像素作为单位的表格宽度将保持不变。

- "边框粗细"：是指整个表格边框的粗细，标准单位是像素。

提示：整个表格外部的边框叫作外边框，表格内部单元格周围的边框叫作内边框，当边框的值为 0 时，表示无边框（或没有表格线）。

- "单元格边距"：也叫单元格填充，是指单元格内部的文本或图像与单元格边框之间的距离，标准单位是像素。

● "单元格间距"：是指相邻单元格之间的距离，标准单位是像素。

● "标题"：定义表格的标题。

● "摘要"：设置表格的摘要信息，用来注释表格。

5.2.2 选择表格

要想在一个文档中编辑一个元素，就要先选中它。同样，要想对表格进行编辑，就要先选中它。在 Dreamweaver CS6 中选择表格元素的方法如下。

1. 选择整个表格

在 Dreamweaver CS6 中选取整个表格的方法主要有以下四种。

（1）单击单元格边框线选择表格。将鼠标光标移至单元格边框线上，当鼠标光标变为⇔或⇕形状时单击。当表格外框显示为黑色粗实线时，表示该表格被选中，如图 5-3 所示。

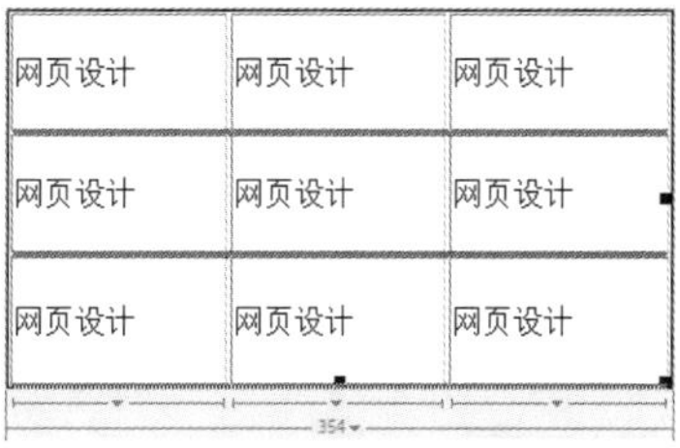

网页设计	网页设计	网页设计
网页设计	网页设计	网页设计
网页设计	网页设计	网页设计

图 5-3 单击单元格边框线选择表格

（2）单击表格边框线选择表格。将鼠标光标移至表格外框线上，当鼠标光标变成⤢形状时，单击即可选中表格，如图 5-4 所示。

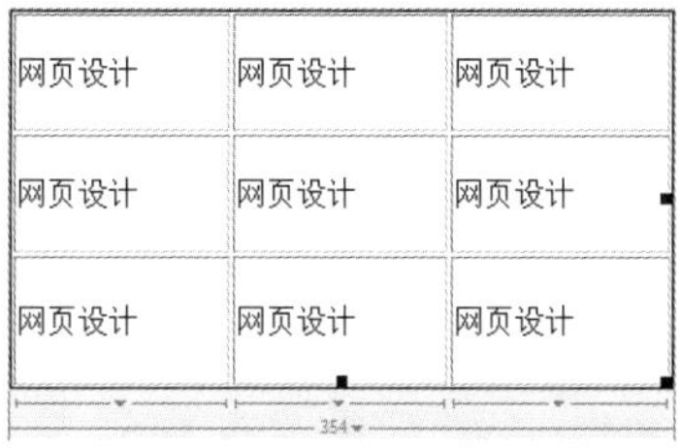

网页设计	网页设计	网页设计
网页设计	网页设计	网页设计
网页设计	网页设计	网页设计

图 5-4 单击表格边框线选择表格

（3）单击表格标签<table>选择表格。在表格内部任意单元格中单击，在标签选择器中单击对应的<table>标签（图 5-5），该表格即处于选中状态。

标签选择器

图 5-5 单击表格标签<table>选择表格

（4）通过下拉列表选择表格。将插入点置于表格的任意单元格中，表格上方或下方将显示绿线标志，单击最上方或下方标有表格宽度的绿线中的下三角符号▼，在弹出的下拉列表中选择"选择表格"命令，如图 5-6 所示。

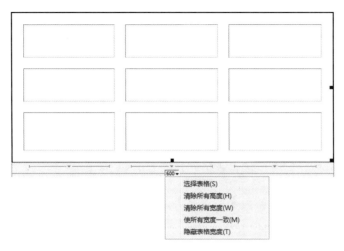

图 5-6　通过下拉列表选择表格

2. 选择行或列

要选择某行或某列，可将光标置于该行左侧或该列顶部，当光标形状分别变为黑色箭头→或 ↓ 时单击，如图 5-7 和图 5-8 所示。

→网页设计	网页设计	网页设计
网页设计	网页设计	网页设计
网页设计	网页设计	网页设计

图 5-7　选择行

网页设计	网页设计	网页设计
网页设计	网页设计	网页设计
网页设计	网页设计	网页设计

图 5-8　选择列

3. 选择单元格

在 Dreamweaver CS6 中可以选择单个单元格，也可以选择连续单元格区域或不连续单元格区域，下面分别介绍。

（1）选择单个单元格。要选择某个单元格，可首先将插入点置于该单元格内，然后按 Ctrl+A 组合键或单击标签选择器中对应的<td>标签。

（2）选择连续单元格区域。要选择连续单元格区域，应首先在要选择的单元格区域的左上角单元格单击，然后按住鼠标左键向右下角单元格拖动，最后松开鼠标左键，如图 5-9 所示。

（3）选择不连续单元格区域。如果要选择不连续单元格区域，可在按住 Ctrl 键的同时分别单击各单元格，如图 5-10 所示，被单击的所有单元格都被选中。

图 5-9　选择连续单元格区域　　　　　　图 5-10　选择不连续单元格区域

5.3 设置表格和单元格属性

在 Dreamweaver CS6 中，为了使创建的表格更加美观、醒目，需要设置表格的属性（如表格的颜色、单元格的背景图像和背景颜色等）。设置表格属性与设置单元格的属性类似，都要求先选中相应的对象，再在"属性"面板中输入相应的参数值。

5.3.1 设置表格属性

可以在表格的"属性"面板（图 5-11）中详细设置表格的属性，在设置表格属性之前先选中表格。

图 5-11 表格的"属性"面板

表格"属性"面板中各属性的含义如下：

- "填充"：设置单元格边距，单位是像素。
- "对齐"：设置表格的对齐方式，有默认、左对齐、右对齐、居中对齐四种方式。
- "间距"：设置单元格间距，单位是像素。
- "边框"：设置表格边框的宽度值，单位是像素。
- ：用于清除行高。
- ：用于清除列高。
- ：将表格宽度由百分比转换为像素。
- ：将表格宽度由像素转换为百分比。

操作点拨：在表格的"属性"面板中只能设置表格的部分属性，如果要编辑表格的其他属性，如边框、背景颜色、背景图像等，就要新建 CSS 样式来设置，如图 5-12 和图 5-13 所示。

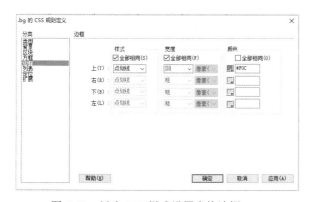

图 5-12 新建 CSS 样式设置表格边框

图 5-13 应用边框样式后的表格

5.3.2　设置单元格属性

将光标置于单元格中，该单元格处于选中状态，此时"属性"面板会显示所有允许设置的单元格属性的选项，如图 5-14 所示。

图 5-14　单元格的"属性"面板

在单元格的"属性"面板中可以设置以下参数。

- "水平"：设置单元格内对象的水平排列方式，"水平"下拉列表框中共包含四个选项，即"默认""左对齐""居中对齐""右对齐"。
- "垂直"：设置单元格内对象的垂直排列方式，"垂直"下拉列表框中共包含五个选项，即"默认""顶端""居中""底部""基线"。
- "宽"和"高"：设置单元格的宽度和高度。
- "不换行"：表示单元格的宽度将随文字长度的不断增大而增大。
- "标题"：将当前单元格设置为标题行。
- "背景颜色"：设置单元格的背景颜色。

5.4　操作表格

在网页中，表格用于排版网页内容，如将文字或图片放在表格的某个位置。一般情况下，插入单元格的内容都需要设置和调整格式。

5.4.1　调整表格和单元格的大小

在文档中插入表格后，若想改变表格的高度和宽度，可先选中该表格，在出现三个控点后，将鼠标移动到控点上，当鼠标指针分别变成⇔、↕或↖时，按住鼠标左键并拖动即可改变表格的高度和宽度。另外，也可以在"属性"面板中改变表格的宽度和高度。

如果要调整表格中行或列的尺寸，则将鼠标指针移到表格线处，当鼠标指针变为双箭头横线╬或双箭头竖线╫时，拖动鼠标即可调整表格线的位置，从而调整表格行或列的尺寸。

5.4.2　插入或删除行或列

1．插入行或列

在已经插入的表格中插入行或列有以下两种情况。

（1）在任意位置插入行或列：如果要在表格的任意位置插入行或列，应首先选中表格，然后在表格的"属性"面板中重新输入表格的行数或列数，如图 5-15 所示，按 Enter 键确认后，表格的行数或列数会自动更新。

图 5-15 在"属性"面板改变表格行数或列数

（2）在指定位置插入行或列：要在表格的指定位置插入行或列，方法是选中相应的行或列后，选择"修改"→"表格"→"插入行/插入列"菜单命令，如图 5-16 和图 5-17 所示。

图 5-16 插入行

图 5-17 插入列

2．删除行或列

要删除表格中的某行或某列，先将光标置于要删除行或列的任意单元格，再选择"修改"→"表格"→"删除行/删除列"菜单命令，就可以删除当前行或列。

操作点拨： 删除行或列时，还可以右击，在弹出的快捷菜单中选择"表格"→"删除行/删除列"命令，删除选中的行或列。

5.4.3 拆分或合并单元格

在绘制不规则表格过程中，经常需要将多个单元格合并成一个单元格，或者将一个单元格拆分成多行或多列。在采用简单表格布局的网页中，根据网页布局情况合并和拆分单元格是网页布局的关键工作。

1. 拆分单元格

拆分单元格就是将选中的表格单元格拆分成多行或多列。在使用表的过程中，有时需要拆分单元格以达到自己所需的效果，具体操作步骤如下：

（1）将光标置于要拆分的单元格中，选择"修改"→"表格"→"拆分单元格"菜单命令，如图 5-18 所示，弹出"拆分单元格"对话框，如图 5-19 所示。

图 5-18　选择命令

图 5-19　"拆分单元格"对话框

（2）在"把单元格拆分"选项组中选择"列"单选按钮，"列数"设置为 2，单击"确定"按钮，则将单元格拆分成两列。

操作点拨：拆分单元格还有以下两种方法。

（1）将光标置于要拆分的单元格中，右击，在弹出的快捷菜单中选择"表格"→"拆分单元格"命令，弹出"拆分单元格"对话框，进行相应的设置。

（2）单击"属性"面板中的"拆分单元格"按钮 ，弹出"拆分单元格"对话框，进行相应的设置。

2. 合并单元格

合并单元格就是将选中的单元格合并成一个单元格。合并单元格的操作如下：首先选中要合并的单元格，然后选择"修改"→"表格"→"合并到单元格"菜单命令，将多个单元格合并成一个单元格，如图 5-20 所示。

图 5-20　合并单元格

操作点拨：合并单元格还有以下两种方法。

（1）选中要合并的单元格，在"属性"面板中单击"合并单元格"按钮 ，即可合并单元格。

（2）选中要合并的单元格，右击，在弹出的快捷菜单中选择"表格"→"合并单元格"命令，即可合并单元格。

5.4.4　剪切、复制、粘贴表格

也可以对表格进行剪切、复制、粘贴等操作。操作步骤非常简单，选择要剪切或复制的表格，选择"编辑"→"剪切"/"拷贝"/"粘贴"命令即可。具体操作步骤如下：

（1）选择要剪切的表格，选择"编辑"→"剪切"菜单命令，如图 5-21 所示，即可剪切表格。

（2）选择要复制的表格，选择"编辑"→"拷贝"菜单命令，即可复制表格。

（3）将光标置于表格下方，选择"编辑"→"粘贴"菜单命令，即可粘贴表格。

图 5-21　选择"剪切"命令

5.4.5　编辑表格数据

在网页制作过程中，有时需要将 Word 文档中的内容或 Excel 文档中的表格数据导入网页中发布，或将表格数据导出到 Word 文档或 Excel 文档中进行编辑，Dreamweaver CS6 提供了可实现这种操作的功能。

1. 将 Word 文档中的数据导入网页表格中

选择"文件"→"导入"→"Word 文档"菜单命令，打开"导入 Word 文档"对话框，如图 5-22 所示，选择包含导入数据的 Word 文档，导入数据即可。

图 5-22　"导入 Word 文档"对话框

2. 将 Excel 文档中的数据导入网页表格

选择"文件"→"导入"→"Excel 文档"菜单命令，打开"导入 Excel 文档"对话框，如图 5-23 所示，选择包含导入数据的 Excel 文档，导入数据即可。

图 5-23　"导入 Excel 文档"对话框

3．表格数据排序

Dreamweaver CS6 还具有为表格数据排序的功能，具体操作步骤如下：

（1）打开网页文件"ch04/排序.html"。

（2）选中表格，如图 5-24 所示。选择"命令"→"排序表格"菜单命令，打开"排序表格"对话框，如图 5-25 所示。

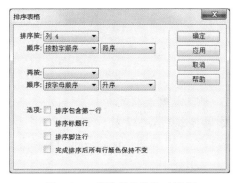

图 5-24　选中表格　　　　　　　　图 5-25　"排序表格"对话框

（3）在"排序按"下拉列表框中选择"列 4"选项，在"顺序"下拉列表框中选择"按数字排序"选项和"降序"选项，单击"确定"按钮，即可实现按照总分列的降序排列表格数据，效果如图 5-26 所示。

图 5-26　排序结果

5.4.6　删除表格元素

在使用 Dreamweaver CS6 表格时，可以根据需要删除表格中的全部或部分元素。

1．删除部分表格元素

如果要删除表格中的部分元素，比如删除某行或者某列，则选中行或列后，执行"编辑"→"清除"命令，如图 5-27 所示，即可删除指定内容。

图 5-27　删除部分表格元素

2.　删除全部表格元素

如果要删除全部表格元素，则选中整张表格后，执行"编辑"→"清除"命令，或者执行"编辑"→"剪切"命令，即可删除全部表格元素。

5.5　使用表格布局网页

表格是网页制作中重要的布局对象，在网页布局中起着举足轻重的作用。通过设置和调整行、列及单元格，实现对网页元素的精准定位，完成页面排版是制作网页的基础。

5.5.1　使用简单表格布局网页

在制作网页的过程中，我们经常利用表格布局和规划网页的版面，表格在网页制作中能很好地控制文本和图片，并且能让页面具有良好的易读性。同时，利用表格属性设置，设计者能够很容易地创建符合页面需求的表格。

使用表格布局网页就是在页面中插入一个表格，通过设置和调整行、列和单元格，实现网页元素的精确定位，完成页面布局，如图 5-28 和图 5-29 所示。简单的表格布局适用于行、列比较规整，结构比较简单的网页。

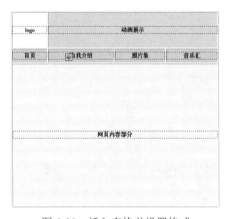

图 5-28　插入表格并设置格式

图 5-29　填充表格内容

5.5.2　使用复杂表格布局网页

与简单表格排版相比，复杂表格的排版通过更多次的拆分合并，形成更加复杂的表格布局形式。

因为表格在拆分的过程中会影响其他单元格的结构，所以更多地采用了表格嵌套实现。复杂表格嵌套的方法如下：一般由父表格规划整体的结构，由嵌套的子表格负责各子栏目的排版，如图 5-30 和图 5-31 所示，并将子表插入父表格的相应位置，使页面的各部分互不冲突，清晰整洁，有条不紊。

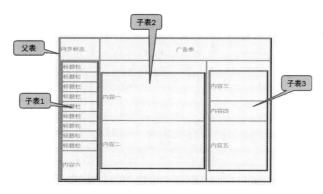

图 5-30　嵌套表格结构示例

图 5-31　嵌套表格实例

同时，表格的作用不仅是页面的元素定位、排版布局，而且可以用来美化整个页面，我们将在表格的综合应用中逐渐体会和掌握表格的这项功能。

操作点拨：复杂表格布局网页需要注意，由于浏览器下载网页采用逐层下载的形式，因此为了不影响网页的下载速度，在排版复杂表格时，应尽量将一个大的表格拆分成多个小的表格，由上至下排列，以最大限度地提高网页的浏览速率和检索速率。

5.6 课堂案例——制作"辉煌100年"网站首页

从1921年到2021年，中国共产党走过了举世瞩目的100年。我们党的一百年，是矢志践行初心使命的一百年，是筚路蓝缕、奠基立业的一百年，是创造辉煌、开辟未来的一百年。2021年不仅是中国共产党建党100周年，更是"十四五"开局、全面建设社会主义现代化国家新征程开启之年，也是国防和军队现代化新"三步走"起步之年。回望过往的奋斗路，眺望前方的奋进路，每个成长在新时代的知识青年都有必要了解党的历史，必须学习好、总结好党的历史，传承好、发扬好党的成功经验。

要求：本课堂案例制作完成"辉煌100年"网站的首页，结合本章学习的表格有关知识，重点练习在网页中创建表格及编辑表格的方法，掌握表格布局网页的技巧。

5.6.1 案例目标

通过制作"辉煌100年"网站首页，熟悉在网页中插入表格及编辑表格的基本操作，掌握用表格布局网页的方法，进一步掌握在网页中插入各种对象以及美化和丰富网页的操作及技巧，网页效果如图5-32所示。

图5-32 网页效果

5.6.2 操作思路

根据案例目标，结合本章所学知识，具体操作思路如下：

（1）启动 Dreamweaver CS6，建立站点，设置站点名称为"辉煌 100 年"，新建网页 index.html，并设置网页标题为"辉煌 100 年"，如图 5-33 所示。

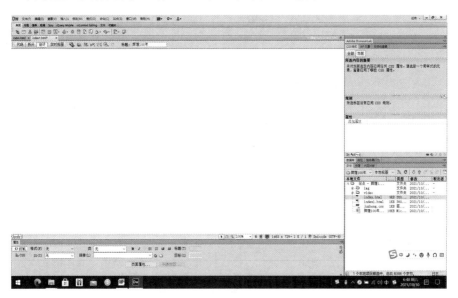

图 5-33　建立站点和网页

（2）在网页中插入 10 行 2 列的表格，并设置表格居中对齐，按照样图的要求合并指定单元格，效果如图 5-34 所示。

图 5-34　插入表格

（3）分别设置表格中各单元格的属性，包括宽度、高度和填充颜色，如图 5-35 所示。

1200*500	
500*350	700*50
	700*300
500*450	700*50
	700*400
500*450	700*50
	700*400
500*350	700*50
	700*300
1200*50	

图 5-35　设置单元格属性

（4）完善单元格内容，如图 5-36 所示。

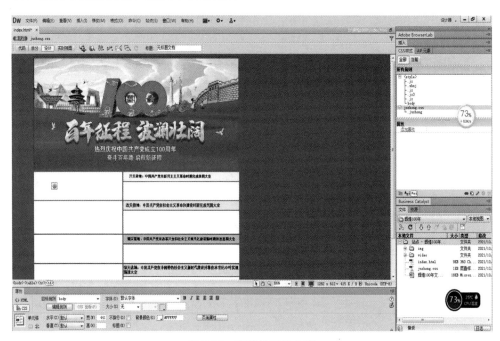

图 5-36　完善单元格内容

（5）编辑单元格中的内容。新建 CSS 样式（图 5-37），分别设置标题文字格式：华文行楷，40 像素，加粗，居中对齐；导航栏中文字格式：仿宋，20 像素，居中对齐；正文格式：16 像素，左对齐；设置单元格中图片和文字的混排方式：左对齐或右对齐；设置网页底部版权信息的格式：黑体，14 像素，居中对齐。

（6）网站首页最终效果如图 5-38 所示。

图 5-37 设置文本格式

图 5-38 "辉煌百年"网站首页效果

5.7   本章小结

本章主要介绍了表格的基本概念和基本操作，以及在 Dreamweaver CS6 中新建表格、编辑表格的方法，使用表格布局网页等主要内容，重点掌握表格布局网页的方法和技巧。

表格是网页设计中一种最基本、最简单的布局技术，在网页布局中起着举足轻重的作用。网页中的表格应该以简单明了的方式传递大量信息。因此，使用表格布局网页要注意：一方面，设计巧妙的表格结构不仅可以使一个网页更具吸引力，而且可以增强可读性。另一方面，使用表格布局网页时要注意主次分明，重点应该放在网页的内容上，无须过度设计表格。

5.8   课后习题——制作网站"我的家乡陕西"首页

陕西历史源远流长，民族文化闻名遐迩。这里是中国古人类和中华民族文化重要的发祥地之一，是中国历史上多个朝代政治、经济、文化的中心，是中华民族历史文明最早走向世界的地方，也是现代中国革命的圣地，为炎黄子孙的生存、繁衍和人类历史文明作出了独特的贡献。

提示：根据提供的素材，制作网页"我的家乡陕西"，要求网页用表格布局，并完善网页的内容。根据需求对单元格拆分或者嵌套表格，要求综合运用所学知识，利用表格合理布局，实现网页结构图如图 5-39 所示，网页效果如图 5-40 所示。

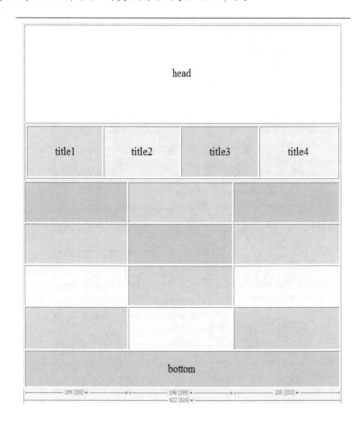

图 5-39   "我的家乡陕西"网页结构

图 5-40 "我的家乡陕西"网页效果

第 6 章　应用 CSS+Div 布局网页

学习要点：

➢　CSS 样式表
➢　CSS 样式属性
➢　Div 标签
➢　盒子模型
➢　CSS+Div 布局

学习目标：

➢　掌握 CSS 样式的基本知识
➢　掌握 CSS 样式表文件的创建方法
➢　掌握 CSS 样式属性的设置方法
➢　掌握 CSS+Div 布局的思想、方法

导读：

随着互联网的迅速发展，人们遨游在网络中除了获得信息资讯外，对网站的视觉体验、网页的美观性要求也越来越高。这也不足为怪，美是人类永恒的追求，正如马克思所说："美是一切事物生存与发展的本质特征，社会的进步就是人类对美的追求的结晶。"为了满足人们对美的追求，哈肯·维姆莱和伯特·波斯两位科学家于 1994 年提出了一个新的技术——CSS 样式。黑格尔说过，存在即合理，凡是合乎理性的都是现实的，凡是现实的都是合乎理性的，的确，每个时代都会诞生一些新的技术，而技术的不断发展必有其因，那么 Div 又是在什么样的历史背景下诞生的呢？CSS 与 Div 又有什么关系呢？这就是本章要阐述的内容。

使用 CSS 样式可以控制网页的外观，统一页面风格，减小重复工作量以及后期的维护工作。以盒子模型为基础，<div>作为块状容器类标签，可以作为独立的 HTML 元素为 CSS 样式控制。所以，网页设计中常将 CSS 与 Div 结合起来进行网页布局，以实现网页布局结构的简洁、定位灵活、代码效率高等优点，有效克服了表格布局的缺点。本章将学习 CSS 的基本理论知识、CSS 在 Dreamweaver CS6 中的具体应用、盒子模型以及利用 CSS+Div 的布局技术实现网页的制作。

6.1　CSS 样式表

为解决 HTML 结构标记与表现标记混在一起的问题，W3C（World Wide Web Consortium，万维网联盟）引入 CSS 规范，专门负责页面的表现形式。

6.1.1 基本概念

CSS（Cascading Style Sheet，层叠样式表）又称级联样式表，用于控制网页样式并允许将样式信息与网页内容分离的一种标记性语言。样式即格式，是用于控制 Web 页面布局、字体、颜色、背景等内容的显示方式。层叠是指一个对象被同时引用多个样式时，将依据样式的层次顺序处理，以解决冲突。

1996 年 12 月 W3C 推出关于样式表的第一个标准——CSS 1.0，之后又不断地充实样式表，于 1998 年发布了 CSS 2.0/2.1 版本。随着互联网日新月异的发展，2001 年 5 月 W3C 开始开发朝着模块化发展的 CSS 第三版——CSS 3，其将 CSS 分解为一些小的模块，更多新的模块加入进来，如盒子模型、列表模块、超链接方式、语言模块、背景和边框、文字特效、多栏布局等。图 6-1 为使用 CSS 美化的网页。

图 6-1   使用 CSS 美化的网页

CSS 样式表的优点如下：

- 实现网页内容结构与格式控制的分离。
- 实现对页面更加精确地控制，丰富网页内容的展示效果。
- 方便对网页的维护及快速更新。
- 缩短网页的下载时间。

6.1.2 基本语法

一个样式表由若干样式规则组成，每个样式规则就是一条 CSS 基本语句，包含选择器（selector）、属性（property）和值（value）三部分。具体格式如下：

```
选择器名
{
属性 1:值;
属性 2:值;
……
属性 n:值;
}
```

选择器（selector）：指样式编码所针对的对象，可以是 HTML 标记，如 body、table 等；也可以是自定义名称的类、ID 等。

属性（property）：是 CSS 样式控制的核心，对于每个选择器，CSS 都提供了丰富的样式属性，如颜色、大小、定位和浮动方式等。

值（value）：指属性的值，不同的属性其值有不同的表示方式，如 align 属性，其值只能是 left、right、center 等值；color 属性，其值可以用"#"加十六进制数表示，也可以用颜色对应的英文单词表示；width 属性，其值需手动输入数值 0～999。

例如：将网页内所有段落内文字设置为黑体、18px、红色、居中显示。代码如下。

```
p{ font-family: "黑体"; font-size:18px; color: red; text-align: center;}
```

6.1.3 CSS 选择器类型

选择器是 CSS 中很重要的概念，所有 HTML 语言中的标记样式都是通过不同的 CSS 选择器控制的，换句话说，CSS 选择器实现了网页元素的准确定位。选择器有标签选择器、类选择器、ID 选择器、伪类选择器、复合选择器五种，下面将分别介绍。

1. 标签选择器

标签选择器是以 HTML 标签作为名称的选择器，如 body、table、h1 等。由于标签选择器的名字不需要用户自定义，是已有的 HTML 标签，因此，标签选择器不需要应用，且都有默认的显示样式。标签选择器实现了重新定义 HTML 元素，当使用 CSS 样式重新定义后，页面内所有使用该标签的内容都会自动应用新样式。例如：

```
p{ font-family: "华文楷体"; font-size: 36px; color: #FF0000;}
```

2. 类选择器

类选择器以"."开头，名称由用户自定义。类选择器可以应用于网页中的任何对象，是选择器中最灵活、应用最广泛的选择器。使用时只需在定义选择器后，在所需要修改的标签中用 class 属性进行声明即可。例如，将某个<p>标签的样式定义为红色，则在相应的<p>标签中添加如下代码：

```
.s1 { font-size:36px; color:#F00;}
  <p class="s1">内容</p>
```

3. ID 选择器

ID 选择器以"#"号开头，也是需要用户自定义的选择器，使用方法与类选择器的基本相同，不同之处在于 ID 选择器在一个 HTML 中只能调用一次，针对性强。使用时在所需要修改的标签中用 id 属性进行声明。ID 选择器多应用在 CSS+Div 的设计中，经常和 Div 标签配合使用。例如：

```
#top{ height:150px; width: 400px; }
  <div id=" top">内容</div>
```

4．伪类选择器

伪类是一种特殊的类，是指对象在某个特殊状态下的样式。伪类选择器由 CSS 自动支持，不能像类选择器一样随意起名，主要用于对超链接样式的重新定义。

- a:link：用来指定未被访问的超链接使用的样式。
- a:visited：用来指定已被访问过的超链接使用的样式。
- a:hover：用来指定鼠标悬浮在超链接上时使用的样式。
- a:active：用来指定鼠标点中激活超链接时使用的样式。

默认情况下，超链接的样式如下：

- a:link：字体颜色为蓝色，超链接带下划线。
- a:visited：超链接字体颜色变为紫红色。
- a:hover：鼠标指针变成手状。
- a:active：无特殊效果。

提示：由于 CSS 优先级的关系，在书写伪类的 CSS 样式时，一定要按照 a:link、a:visited、a:hover、a:actived 的顺序书写。

5．复合选择器

当要定义的多个选择器的样式相同时，可以使用复合选择器同时为这几个选择器定义样式，如 h1,h2,h3{color:red;font-size:23px;}。

提示：选择器的命名规范如下：

（1）由任意字母、数字和下划线组成，不能以数字开头。

（2）起名做到"见名知意"，尽量选择有意义的单词或缩写组合，方便查找。

6.1.4 CSS 样式的位置

在网页中插入 CSS 样式表的方法有内嵌样式表、内部样式表和外部样式表。

1．内嵌样式表

内嵌样式表又称内联样式表，是指在 HTML 标记里加入 style 属性，style 属性的内容就是 CSS 的属性和值，格式如下：

```
<标签 style="属性：属性值；属性：属性值… ">
```

内嵌样式是在网页中插入 CSS 样式表的最简单的方法，但由于需要为每个标记设置 style 属性，代码冗余，不便于后期维护，因此，实际中不推荐使用。

2．内部样式表

内部样式表是将 CSS 样式放到该页面的<head>区内，只对所在网页有效，样式表是用<style>标记插入的，格式如下：

```
<head>
<style type="text/css">
 <!--
选择器{属性:属性值;属性:属性值… }
…
-- >
</style>
</head>
```

3. 外部样式表

外部样式表是指把样式表保存在 HTML 文件外部，以一个样式表文件（.css）的形式存在，不同于内部样式表——只能被包含该 CSS 样式的一个网页引用。外部样式表可以被多个网页使用，应用外部样式表可以解决多个网页保持一致的显示效果，完成统一、美观的页面设计。外部样式表分为链接外部样式表和导入外部样式表。

（1）链接外部样式表。链接外部样式表就是当浏览器读取到 HTML 文件样式表的链接标签时，向所链接的外部样式表文件索取样式，通常将<link>标记放在页面的<head>区内，链接到这个样式表文件，完成调用，格式如下：

```
<head>
……
<link href="外部样式表文件名.css"  rel="stylesheet"  type="text/css" >
……
</head>
```

其中，href="外部样式表文件名.css"是指.css 的 URL；rel="stylesheet"是指在页面中使用外部的样式表；type="text/css"是指文件的类型是样式表文件。

（2）导入外部样式表。导入外部样式表是指当浏览器读取 HTML 文件时，复制一份样式表到该 HTML 文件中，即在内部样式表的<style>里用@import 导入一个外部样式表，格式如下：

```
<head>
……
<style type="text/css">
<!--
@import "外部样式表的文件名 1.css"
其他样式表的声明
-->
</style>
……
</head>
```

提示：导入外部样式表必须在样式表的开始部分，在其他内部样式表上面。

6.2   CSS 在 Dreamweaver 中的应用

6.1 节我们讲了 CSS 的理论部分，从本节起我们开始讲 CSS 的实践部分，即借助软件 Dreamweaver CS6 完成 CSS 的各种相关操作。

6.2.1 创建 CSS 样式表

一般而言，在 Dreamweaver CS6 中创建 CSS 样式表的方法有以下两种。

1. 通过 CSS 面板

使用 Dreamweaver CS6 提供的 CSS 面板，可以非常方便地创建 CSS 样式表，如图 6-2 所示。其方法如下：单击面板下方的"新建 CSS 规则"按钮，即可打开图 6-3 所示的"新建 CSS 规则"对话框。

图 6-2 "CSS 样式"面板

图 6-3 "新建 CSS 规则"对话框

其中，各部分含义如下：

- 选择器类型：在"选择器类型"下拉列表框中选择要创建的选择器类型，包括类（可应用于任何 HTML 元素）、ID（仅应用于一个 HTML 元素）、标签（重新定义 HTML 元素）、复合内容（基于选择的内容）。
- 选择器名称：选择或输入选择器的名称，名称要规范。
- 规则定义：在"规则定义"下拉列表框中选择添加样式的方式，有"仅限该文档"和"新建样式表文件"两种方式。

操作点拨：打开"CSS 样式"面板的方法是执行"窗口"→"CSS 样式"菜单命令，或者按 Shift+F11 组合键。

2. "属性"面板中的 CSS 选项卡

在"属性"面板的 CSS 选项卡中单击"编辑规则"按钮，如图 6-4 所示，同样可以打开图 6-3。

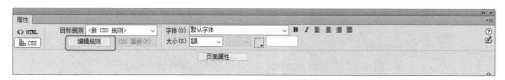

图 6-4 "属性"面板

6.2.2 管理 CSS 样式表

创建样式表后就需要进行管理，常见的有修改样式表、应用样式表、删除样式表、复制样式表、重命名样式表、附加样式表等，借助 Dreamweaver CS6 中的 CSS 面板可以很容易地管理样式表，如图 6-5 所示。

1. 修改样式表

样式表创建完后，如若有误或设置不全，可以对已有样式进行再编辑，即修改样式。修改样式表的方法如下：

（1）单击选中 CSS 面板中选择器的名称；

（2）单击 CSS 面板下方"编辑样式……"按钮，或者在 CSS 面板中双击样式表的名称，打开该规则的 CSS 面板进行修改；也可以直接在 CSS 面板中的样式属性列表中修改。

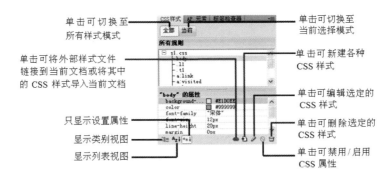

图 6-5　CSS 面板功能

2．应用样式表

样式表创建、修改好后，为相应的文档应用自定义 CSS 样式的方法如下：

（1）在文档中选择将要应用 CSS 样式的文本。

（2）在属性面板中的 HTML 选项卡中选择自定义的类选择器、ID 选择器，如图 6-6 所示；或者在属性面板的 CSS 选项卡中，在"目标规则"下拉列表框中选择用户自定义的选择器，如图 6-7 所示。

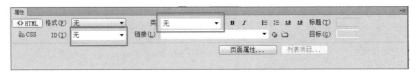

图 6-6　"属性"面板 HTML 选项卡中应用 CSS 样式

图 6-7　"属性"面板 CSS 选项卡中应用 CSS 样式

3．删除样式表

删除样式表是指删除元素已经应用的样式，方法如下：

（1）选中删除样式的对象或文本。

（2）在 HTML"属性"面板中选择"类"→"无"命令，即可删除类样式；或者在"属性"面板中选择 ID→"无"命令，删除 ID 样式。

操作点拨："CSS 样式"面板底部的"删除 CSS 规则"按钮是指将样式在网页中删除；而"属性"面板中的"无"是删除指定对象应用的样式，样式仍然存在。

4．复制样式表

若需要复制样式表，则可以在"CSS 样式"面板中，在要复制的 CSS 类样式上右击，在弹出的快捷菜单中选择"复制…"命令，即可弹出图 6-8 所示的对话框。

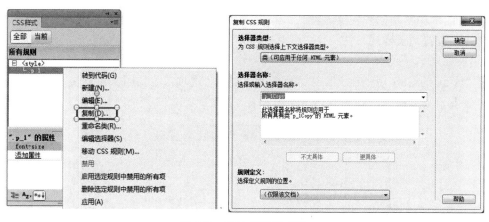

图 6-8　复制 CSS 样式表

5. 重命名样式表

若需要重新命名样式表的名称，则可以在"CSS 样式"面板中，在要重新命名的 CSS 类样式上右击，在弹出的快捷菜单中选择"重命名类"命令。

6. 附加样式表

附加样式表即将 CSS 保存为文件，与 HTML 分离，实现减小 HTML 文件、提高页面加载速度，同时实现一个外部样式表文件可以应用于多个页面，当改变该样式表文件时，所有应用此样式表的页面的样式都随着改变，有利于后期的修改、编辑，减小了网站开发的工作量，实现了页面风格的统一。

在 Dreamweaver CS6 中，通过单击"CSS 面板"下方的"附加样式表"按钮，打开"链接外部样式表"对话框，单击"浏览"按钮，选择已经存在的 CSS 文件，实现外部样式表的链接或者导入，如图 6-9 所示。

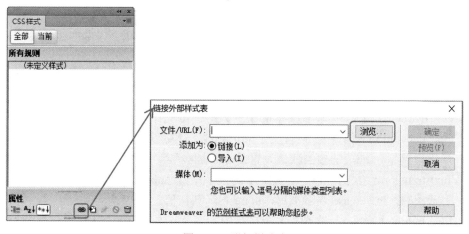

图 6-9　附加样式表

6.2.3　CSS 样式属性

Dreamweaver CS6 的 CSS 样式里包含了 W3C 规范定义的大部分 CSS 属性，Dreamweaver CS6 把这些属性分为类型、背景、区块、方框、边框、列表、定位、扩展八个部分。下面详细介绍 CSS 面板中常用的设置文本样式、设置背景样式、设置区块样式、设置方框样式、设置边框样式、设置列表样式。

1. 设置文本样式

在"body 的 CSS 规则定义"对话框中的"类型"选项，主要用来设置文字的字体、字号、颜色、效果等基本样式，如图 6-10 所示。

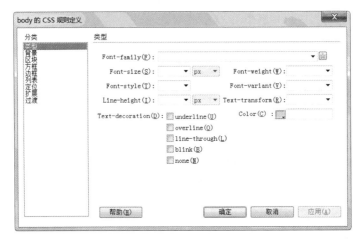

图 6-10 "类型"选项

各属性含义如下：

- Font-family（字体）：用于设置当前样式所使用的字体。该属性是一个按照优先顺序列出的字体名称，浏览器由前向后选用字体。
- Font-size（字号）：设置文本字号，可以使用字体尺寸的绝对值，如毫米（mm）、厘米（cm）、英寸（in）、点数（pt）、像素（px）、pica（pc）、ex（小写字母 x 的高度）或 em（字体高度）作为度量单位；也可以使用相对大小。
- Font-style（样式）：设置字体的特殊格式，normal 表示正常体，italic 表示斜体，oblique 表示偏斜体。
- Font-weight（粗细）：设置字体的粗细值，normal 相当于 400，bold 相当于 700，bolder 相当于 900。
- Font-variant（变体）：设置文本的小型大写字母变体。
- Text-decoration（修饰）：设置文字的下划线、上划线、删除线、闪烁等。常规文本的默认设置是 none，链接的默认设置是"下划线"。
- Text-transform（大小写）：设置文本的大小写，captalize 表示首字母大写，uppercase 表示大写，lowercase 表示小写，none 表示默认值。
- Line-height（行高）：设置文本所在行的高度，选择"正常"选项将由系统自动计算行高和字体字号，或者直接输入一个值。
- Color：设置文本颜色，可以通过颜色选择器选择，也可以直接输入颜色值。

2. 设置背景样式

在"body 的 CSS 的规则定义"对话框中的"背景"选项主要用来设置页面、表格、区域等对象的背景颜色和背景图像，如图 6-11 所示。

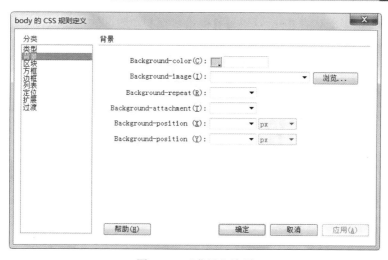

图 6-11 "背景"选项

各属性含义如下。

- Background-color（背景颜色）：设置元素的背景颜色。
- Background-image（背景图像）：设置元素的背景图像。
- Background-repeat（重复）：设置背景图像的重复方式，no-repeat 表示不重复平铺背景图片，以原始大小显示；repeat 表示图像从水平和垂直角度平铺（默认值）；repeat-x 表示图像只在水平方向上平铺；repeat-y 表示图像只在垂直方向上平铺。
- Background-attachment（附件）：有"固定"和"滚动"两个选项，是指背景图像是固定在屏幕上还是随着它所在的元素滚动。
- Background-position（X）（水平位置）：是指定背景图像在水平方向的位置，left 表示相对前景对象左对齐；center 表示相对前景对象中心对齐；right 表示相对前景对象右对齐。
- Background-position（Y）（垂直位置）：用于指定背景图像在垂直方向的位置，top 表示相对前景对象顶对齐；center 表示相对前景对象中心对齐；bottom 表示相对前景对象底对齐。

3. 设置区块样式

在"body 的 CSS 的规则定义"对话框中的"区块"选项主要用来设置对象文本的文字间距、对齐方式、上标、下标、排列方式、首行缩进等，如图 6-12 所示。

各属性含义如下。

- Word-spacing（单词间距）：设置英文单词之间的距离。
- Letter-spacing（字母间距）：设置字符或英文字母的间距。
- Vertical-align（垂直对齐）：设置元素的垂直对齐方式，baseline 表示基准线对齐；sub 表示以下标的形式对齐；super 表示以上标的形式对齐；top 表示顶对齐；text-top 表示相对文本顶对齐；middle 表示中心线对齐；bottom 表示底部对齐；text-bottom 表示相对文本底对齐。
- Text-align（水平对齐）：设置元素的水平对齐方式，left 表示左对齐；right 表示右对齐；center 表示居中对齐；justify 表示两端对齐。

- Text-indent（文本缩进）：设置每段中第一行文本缩进的距离。
- White-space（空格）：元素中空格的处理，normal 表示合并连续的多个空格；pre 表示保留原样式；nowrap 表示不换行，直到遇到
标签。
- Display（显示）：设置是否显示及如何显示元素。

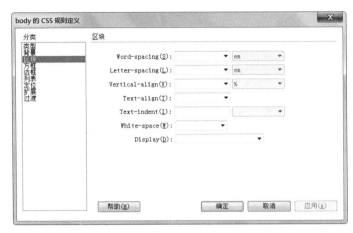

图 6-12   "区块"选项

4. 设置方框样式

在"body 的 CSS 的规则定义"对话框中的"方框"选项主要用来设置对象的边界、间距、高度、宽度、和漂浮方式等，如图 6-13 所示。

图 6-13   "方框"选项

各属性含义如下：
- Width（宽）：设置元素的宽度。
- Height（高）：设置元素的高度。
- Float（浮动）：设置元素的漂浮方式；left 表示对象浮在左边；right 表示对象浮在右边；none 表示对象不浮动。
- Clear（清除）：不允许元素的漂浮，left 表示不允许左边有浮动对象；right 表示不允许右边有浮动对象；none 表示允许两边都可以有浮动对象；both 表示不允许有浮动对象。

- Padding：设置元素内容与其边框的空距（如果元素没有边框就是指页边的空白），可以设置上补白、右补白、下补白、左补白的值。
- Margin：设置元素的边框与其他元素之间的距离（如果没有边框就是指内容之间的距离），可以分别设置上边界、右边界、下边界、左边界的值。

5. 设置边框样式

在"body 的 CSS 规则定义"对话框中的"边框"选项用来设置对象边框的宽度、颜色及样式，如图 6-14 所示。可以有多种用途，比如作为装饰元素或者作为划分两物的分界线。

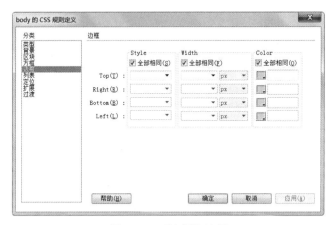

图 6-14   "边框"选项

各属性含义如下：

- Style（样式）：设置边框样式。可以设置为 none（无边框）、dotted（点线）、dashed（虚线）、solid（实线）、double（双线）、groove（凹槽）、ridge（凸槽）、inset（凹边）、outset（凸边）等边框样式。
- Width（宽度）：设置元素边的宽度，可以分别设定上边宽、右边宽、下边宽、左边宽的值。
- Color（颜色）：设置边框的颜色，可以分别对每条边设置颜色。

6. 设置列表样式

在"body 的 CSS 规则定义"对话框中的"列框"选项用来设置列表项样式、列表项图片、和位置，如图 6-15 所示。

各属性含义如下：

- List-style-type（类型）：设置项目符号预设的不同样式，disc 表示实心圆（默认值）；circle 表示空心圆；square 表示实心方块；decimal 表示阿拉伯数字；lower-roman 表示小写罗马数字；upper-roman 表示大写罗马数字；lower-alpha 表示小写英文字母；upper-alpha 表示大写英文字母；none 表示不使用项目符号。
- List-style-image（项目符号图像）：设置作为对象的列表项标记的图像，none 表示不指定图像（默认值）；（url）表示使用绝对或相对 url 地址指定图像。
- List-style-Position（位置）：设置作为对象的列表项标记如何根据文本排列，outside 表示列表项目标记放置在文本以外，且环绕文本不根据标记对齐（默认值）；inside 表示列表项目标记放置在文本以内，且环绕文本根据标记对齐。

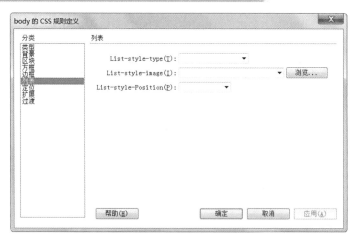

图 6-15　"列表"选项

6.3　课堂案例1——制作"江山如此多娇"网站

制作"江山如此多娇"网站，要求如下：此网站包含两张网页，其中主页 index.html 如图 6-16 所示，子页 summer.html 如图 6-17 所示。

图 6-16　主页 index. html

图 6-17　子页 summer.html

6.3.1　案例目标

实现各种 CSS 选择器的创建和应用，以及 CSS 样式表文件的导入、链接等。

6.3.2　操作思路

具体操作思路如下：

分析主页、子页，我们可以得出网页布局，如图 6-18 所示。根据案例目标，结合本章知识，本题思路如下。

第一部分：设计图 6-18 所示的网页布局。

第二部分：在表格 3 中嵌套表格，并设置好嵌套表格中，各单元格的尺寸，如图 6-19 所示。

第三部分：将网页对象插入相应表格中。

第四部分：设计插入对象的 CSS 样式。

具体操作步骤如下。

（1）首先进入第一部分，设置网页布局图。新建站点，在站点文件夹中新建网站主页 index.html，设置页面的背景颜色为"#F7FCFF"，修改网页标题为"江山如此多娇"，在主页插入 1 行 1 列表格 1，宽度为 800 像素，高度为 360 像素，边框为 0，单元格边距为 0，单元格间距为 0，居中显示。

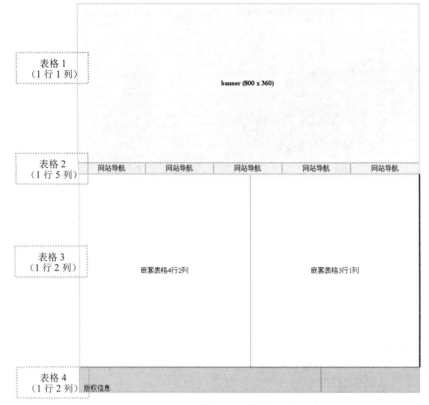

图 6-18　网页布局

图 6-19　表格 3 中"嵌套表格"各单元格的尺寸

（2）在表格 1 下方插入 1 行 5 列表格 2，宽度为 800 像素，高度为 40 像素，边框为 0，单元格边距为 0，单元格间距为 1，居中显示。在"属性"面板设置各单元格的背景颜色为"#596C8A"，单元格内容，水平居中对齐，垂直居中对齐。

（3）在表格 2 下方插入 1 行 2 列的表格 3，宽度为 800 像素，高度为 440 像素，边框为 0，单元格边距为 0，单元格间距为 5，居中显示。

（4）在表格 3 下方插入 1 行 2 列的表格 4，宽度为 800 像素，高度为 45 像素，边框为 0，单元格边距为 0，单元格间距为 2，居中显示。设置两个单元格的背景颜色为"#B3C3DC"，第一个单元格的宽度为 558 像素，第二个单元格的宽度为 232 像素，两个单元格的对齐方式为垂直方向顶端对齐。

（5）进入第二部分，完成表格 3 中嵌套表格的设置。将光标定位到表格 3 的第一个单元格，执行"插入"→"表格"菜单命令，在弹出的"表格"对话框中设置行数为 4，列数为 2，表格宽度为 95（百分比），边框为 0，单元格边距为 0，单元格间距为 0，单击"确定"按钮，如图 6-20 所示。设置各单元格的尺寸如图 6-19 所示。

（6）同理，在表格 3 的第二个单元格嵌套 3 行 1 列的表格，表格宽度为 95%，边框为 0，单元格边距为 0，单元格间距为 0，如图 6-21 所示。设置该嵌套表格中单元格的尺寸如图 6-19 所示。至此，完成了网页的布局设计，将该网页另存为 layout.html，以备在子页中直接使用。

图 6-20　嵌套表格 1 的设置

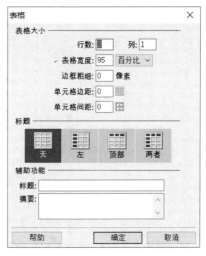

图 6-21　嵌套表格 2 的设置

（7）进入第三部分，将网页对象插入相应的表格中。打开 index.html 页面，将 banner.jpg 插入表格 1 中，在表格 2 中的 5 个单元格中分别录入"网站首页""春季旅游""夏季旅游""秋季旅游""联系我们"，并在链接栏为这 5 项设置空链接，如图 6-22 所示。

网站首页	春季旅游	夏季旅游	秋季旅游	联系我们

图 6-22　网页导航空链接设置

（8）在表格 3 的嵌套表格中录入文字">>推荐旅游景点"，并将 in_01.jpg、in_02.jpg、in_03.jpg 插入嵌套表格第一列相应位置，将图片对应的说明文字插入图片右侧的单元格。

（9）同理，在表格 3 的第二个嵌套表格的第一行中录入文字">>旅游小贴士"，在第二行从素材中的 text 中粘贴相应文字，在第三行插入图片 in_04.jpg。

（10）在表格 4 中录入相应版权信息。在第一个单元格录入"Copyright©2021.All rights reserved.""Terms of Use"，在第二个单元格录入"Home Page | Contact Us"。

（11）进入第四部分，为插入的网页对象设置 CSS 样式。

（12）本页面的排版主要集中在文字部分，首先设置导航的超级链接样式，选中网页导航部分的表格 2，在"属性"面板中设置 ID 为 navi，如图 6-23 所示。

图 6-23　网页导航空链接设置

（13）在 CSS 面板中单击"新建 CSS 规则"按钮，打开"新建 CSS 规则"对话框，如图 6-24 所示，"选择器类型"选择"复合内容（基于选择的内容）"选项，在"选择器名称"编辑框中输入"#navi a:link,#navi a:visited"，单击"确定"按钮。

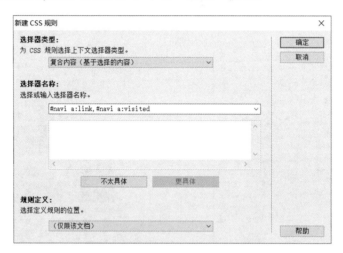

图 6-24　"新建 CSS 规则"对话框

（14）弹出"复合选择器 CSS 规则定义"对话框，设置未访问超链接和已访问超链接的样式为字体大小 16 像素，颜色为白色，无下划线，单击"确定"按钮，如图 6-25 所示，此时网页中导航栏的文字就自动应用了该样式。

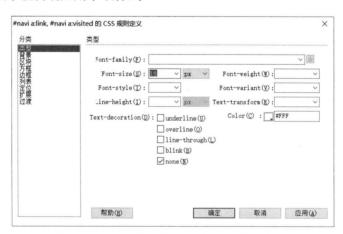

图 6-25　未访问超链接和已访问超链接的样式

（15）设置鼠标悬浮状态的超链接样式。在 CSS 面板中单击"新建 CSS 规则"按钮，打开"新建 CSS 规则"对话框，"选择器类型"选择"复合内容（基于选择的内容）"选项，在"选择器名称"编辑框中输入"#navi a:hover"，单击"确定"按钮，如图 6-26 所示。

图 6-26　复合选择器的命名

（16）弹出"复合选择器 CSS 规则定义"对话框，设置鼠标悬浮状态超链接的样式为字体大小 16 像素，颜色为黄色，有下划线，单击"确定"按钮，如图 6-27 所示。

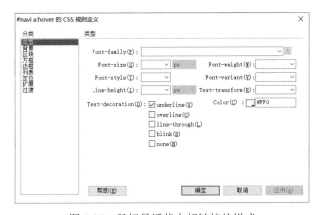

图 6-27　鼠标悬浮状态超链接的样式

（17）为正文中的文字设置样式，新建类选择器.title1，如图 6-28 所示，设置其 CSS 样式，字体为仿宋，大小为 24 像素，加粗，颜色为"#666"，如图 6-29 所示。在网页中选中">>推荐旅游景点"，在"属性"面板为其应用样式.title1；同理，选中">>旅游小贴士"，应用样式.title1。

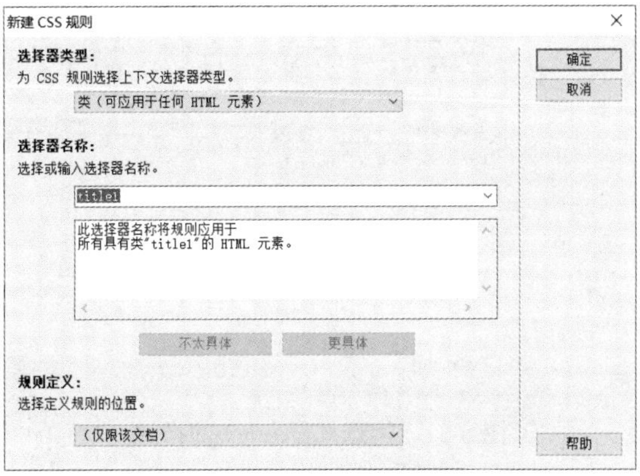

图 6-28　新建类选择器.title1

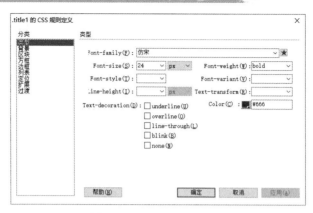

图 6-29　设置.title1 的样式

（18）新建类选择器.title2，设置其 CSS 样式，字体大小为 12 像素，颜色为"#666"，如图 6-30 所示，给表格 3 中两个嵌套表格中的内容文字应用.title2。最后，新建类选择器.title3，设置其 CSS 样式，字体大小为 10 像素，加粗，颜色为"#666"，如图 6-31 所示，给表格 4 两个单元格中的文字应用.title3。到此，我们就完成了主页 index.html 页面的制作，在浏览器中预览该页面。

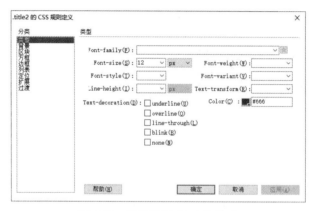

图 6-30　类选择器.title2 的样式

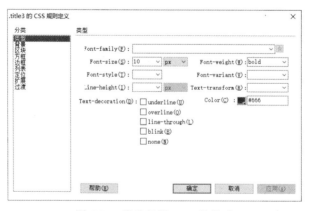

图 6-31　类选择器.title3 的样式

（19）开发子页 summer.html 页面。打开刚才制作好的 layout.html，将网页另存为

summer.html，修改网页标题为"夏季旅游"，将相应的素材插入网页合适位置。设置该页面的
CSS 样式，仔细观察，该页面的样式和主页 index.html 的样式相同，那么还需要重新设置吗？
打开 index.html 页面，打开其"CSS 样式"面板，如图 6-32 所示。

（20）选中该面板中的所有选择器并右击，在弹出的快捷菜单中选择"移动 CSS 规则"
命令，如图 6-33 所示。

图 6-32 index.html 的"CSS 样式"面板　　　图 6-33 CSS 样式面板的快捷菜单

（21）弹出"移至外部样式表"对话框，选择"新建样式表"单选按钮，单击"确定"
按钮，如图 6-34 所示。

图 6-34 "移至外部样式表"对话框

（22）弹出"将样式表文件另存为"对话框，如图 6-35 所示，在"文件名"下拉列表框
中为新样式表命名（view），单击"保存"按钮。此时在"CSS 样式"面板中，所有样式都在
view.css 文件中，如图 6-36 所示。

图 6-35 "将样式表文件另存为"对话框

（23）打开 summer.html 网页，在"CSS 样式"面板单击右下方的"附加样式表"按钮，如图 6-37 所示，弹出"链接外部样式表"对话框，如图 6-38 所示，单击"浏览"按钮，弹出"选择样式表文件"对话框，如图 6-39 所示，选择刚刚创建的 view.css 文件，单击"确定"按钮，在 summer.html 网页的"CSS 样式"面板中即可看到 view.css 中的所有样式。

图 6-36　view.css 文件

图 6-37　单击"附加样式表"按钮

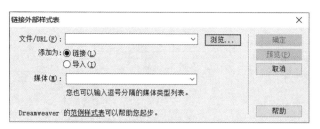

图 6-38　"链接外部样式表"对话框

图 6-39　"选择样式表文件"对话框

（24）使用 view.css 文件，设置 summer.html 网页的样式，即可完成该网页的制作，在浏览器中预览该页面。

（25）为该网站设置超链接，将 index.html 页面导航部分的"夏季旅游"链接到 summer.html 网页，summer.html 网页的页面导航部分的"网站首页"链接到 index.html，在浏览器中预览页面。

6.4　CSS+Div 布局

随着互联网的不断发展，网站重构也迫在眉睫，采用传统的表格布局已无法满足网页制作的要求，Web 标准提出的网页内容与表现的分离、CSS+Div 布局已成为当今网页制作的主流技术。

6.4.1　Div 概述

Div（Division，划分）的作用是设定文字、图像、表格等对象的摆放位置。Div 相当于一个容器，由起始标签<div>和结束标签</div>组成，可以容纳段落、表格、标题、图片等各种HTML 元素，通常由 CSS 样式控制，实现网页的布局。

CSS+Div 布局的优点如下：

● 　减少了页面代码，提高了页面的浏览速度。

● 　缩短了网站的改版时间，只需简单修改 CSS 文件即可实现改版。

● 　方便用户同时更新很多网页的风格。

● 　方便搜索引擎的快速搜索。

1．创建 Div 标签

Div 标签的插入方法与表格的插入方法相似，区别仅在于，在插入 Div 标签的同时可以设置 CSS 样式，具体插入方法有以下两种。

（1）在文档窗口中定位插入点，单击"插入"→"布局对象"→"Div 标签"菜单命令，打开"插入 Div 标签"对话框，如图 6-40 所示。

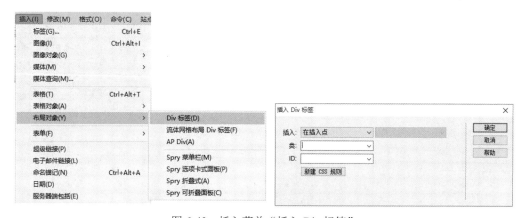

图 6-40　插入菜单"插入 Div 标签"

（2）在文档窗口中定位插入点，单击"插入"面板"常用"或"布局"组中的"插入 Div

标签"命令，打开"插入 Div 标签"对话框，如图 6-41 所示。

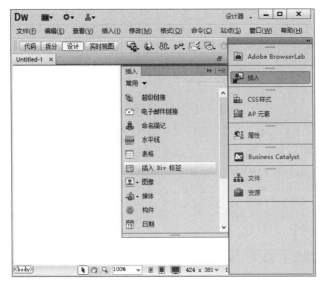

图 6-41　插入面板"插入 Div 标签"

设置好参数后单击"确定"按钮，即在插入点所在位置插入 Div 标签。

2．选择 Div 标签

要对 Div 执行某项操作，首先需要将其选中，在 Dreamweaver CS6 中选中 Div 标签的方法有以下两种。

（1）将鼠标光标移至 Div 周围的任意边框上，当边框显示为红色实线时单击选中，如图 6-42 所示。

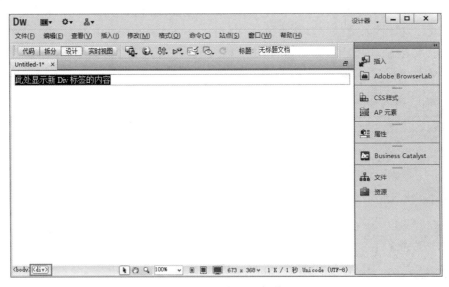

图 6-42　选择 Div 标签

（2）将插入点置于 Div 中，单击"标签选择器"中的相应<div>标签。

【例 6-1】　在网页中自上而下插入三个并列的 Div，分别将其 ID 命名为#top、#content、

#bottom。

在#content 的 Div 中插入两个并列的 Div，分别将其 ID 命名为#left 和#right。五个 Div 的关系如图 6-43 所示，样图如图 6-44 所示。

图 6-43　五个 Div 的关系

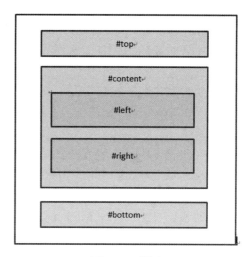

图 6-44　样图

操作步骤如下。

（1）新建站点，在站点文件夹中新建网页 div.html，在文档窗口中定位插入点，单击"插入"面板"常用"或"布局"组中的"插入 Div 标签"命令，打开"插入 Div 标签"对话框，在对话框中的 ID 项中输入 top，单击"确定"按钮。

（2）选中 ID 为#top 的 Div，按下键盘上的右方向键（确保此时标签选择器是<body>），再次单击"插入 Div 标签"命令，在对话框中的 ID 项中输入 content，单击"确定"按钮。此过程插入的两个 Div 是并列关系。

（3）依照步骤（2），插入 ID 为#bottom 的 Div，确保以上三个 Div 是并列关系。

（4）将插入点定位在#content 的 Div 内，单击"插入 Div 标签"命令，在对话框中的 ID 项中输入 left，单击"确定"按钮。此过程的两个 Div（#content 和#left）是嵌套关系。

（5）选中 ID 为#left 的 Div，按下键盘上的右方向键（确保此时标签选择器是<div#content>），再次单击"插入 Div 标签"命令，在对话框中的 ID 项中输入 right，单击"确定"按钮。此过程的两个 Div（#content 和#right）是嵌套关系，#left 和#right 是并列关系。

提示：插入嵌套的 Div 或并列的 Div，最简单的方法是切换到拆分视图，在拆分视图的代码窗格中定位插入点，如图 6-45 所示。

```
<body>
<div id="top">此处显示  id "top" 的内容</div>
<div id="content">此处显示  id "content" 的内容
  <div id="left">此处显示  id "left" 的内容</div>
  <div id="right">此处显示  id "right" 的内容</div>
</div>
<div id="bottom">此处显示  id "bottom" 的内容</div>
</body>
</html>
```

图 6-45　在拆分视图的代码窗格中定位插入点

6.4.2 Web 标准

Web 标准，即网站标准，是 W3C 提出的一个建议性的文档，是一系列标准的集合。其定制目的是创建一个统一的用于 Web 表现层的技术标准，以便通过不同浏览器向用户展示信息内容。Web 标准中的典型应用就是 CSS+Div，它实现了表现与内容分离，一次创建，随处发布；同时在通用性方面实现在桌面浏览器、文档浏览器、屏幕阅读器及手持设备上的良好运行。

网页主要由三部分组成：结构（Structure）、表现（Presentation）和行为（Behavior）。对应的标准也分三个方面：结构化标准语言主要包括 HTML、XHTML 和 XML，表现标准语言主要包括 CSS，行为标准主要包括对象模型（如 W3C DOM）、ECMAScript 等。这些标准大部分由 W3C 起草和发布，也有一些是其他标准组织制定的，比如 ECMA（European Computer Manufacturers Association）的 ECMAScript 标准。

结构化标准：用于对网页中的信息进行分类和整理，包括 HTML、XHTML 和 XML。

- HTML（Hyper Text Markup Language，超文本标记语言）。
- XHTML（eXtensible Hyper Text Markup Language，可扩展的超文本标记语言）是 HTML 向 XML 的过渡语言，删除了部分表现层的标签，标准要求提高，有严谨的结构，所有标签必须关闭。
- XML（eXtensible Markup Language，可扩展标记语言）的最初设计目的是弥补 HTML 的不足，以强大的扩展性满足网络信息发布的需要，后来逐渐用于网络数据的转换和描述。

表现标准：用于对已被结构化的信息进行显示上的控制，主要是 CSS 层叠式样式表，W3C 创建 CSS 标准的目的是以 CSS 取代 HTML 表格式布局、帧和其他表现的语言，通过 CSS 样式可以使页面的结构标签更具美感、网页外观更加美观。

行为标准：是指文档内部的模型定义及交换行为的编写，用于编写交互式文档，主要包括 DOM（Document Object Model，文档对象模型）和 ECMAScript（European Computer Manufacturers Association 制定的标准脚本语言）。

- DOM 是一种与浏览器、平台、语言无关的接口，可以访问页面其他的标准组件。
- ECMAScript 用于实现具体的界面上对象的交互操作。

提示：W3C 成立于 1994 年。其主要工作是研究和制定开放的规范（事实上的标准），以便提高 Web 相关产品的互用性。W3C 推荐规范的制定都是由来自会员和特别邀请的专家组成的工作组完成的。工作组的草案在通过多数相关公司和组织同意后提交给 W3C 理事会讨论，正式批准后成为"推荐规范（Recommendations）"发布。

在网页制作过程中，使用 Web 标准可以有效地控制页面的布局、字体、颜色、背景等其他效果的实现；同时，只需简单修改相应的文件，即可秒变网站风格和布局。站在网站设计和开发人员的立场，网站标准就是使用标准；而站在网站用户的立场，网站标准就是最佳体验。

具体对网站设计和开发人员的好处如下：

- 代码和组件更少，容易维护。
- 带宽要求降低（代码更简洁），成本降低。

- 更容易被搜寻引擎搜索到。
- 改版方便，不需要变动页面内容。
- 提供打印版本而不需要复制内容。
- 提高了网站易用性。

对网站浏览者的好处如下：

- 文件下载速度与页面显示速度更快。
- 内容能被更多的用户访问（包括失明、视弱、色盲等残障人士）。
- 内容能被更广泛的设备访问（包括屏幕阅读机、手持设备、搜索机器人、打印机、电冰箱等）。
- 用户能够通过样式选择定制自己的表现界面。
- 所有页面都能提供适合打印的版本。

6.4.3　盒子模型

CSS 中的盒子模型（box model）将页面中的每个 HTML 元素都看作一个矩形盒子，该盒子由元素的 content（内容）、padding（内边距）、边框（border）、外边距（margin）组成，如图 6-46 所示。

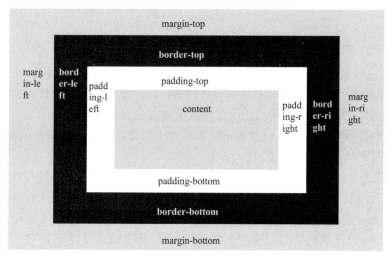

图 6-46　盒子模型

各元素含义如下：

- content　指盒子里面存放的内容，可以是文本、图片、表格等任何类型，并可设置其宽度 width、高度 height 和溢出 overflow。
- padding（填充）指盒子里面的内容到盒子的边框之间的距离，可以理解为内容的背景区域，填充的常用属性有 padding-top（上内边距）、padding-right（右内边距）、padding-bottom（下内边距）、padding-left（左内边距）。
- border（边框）指盒子本身的边框，边框的属性有 border-style、border-width、border-color。其中具体到每一个属性又分为 border-top（上边框）、border-right（右边框）、border-bottom（下边框）、border-left（左边框）四个边。

- magin（外边距）指盒子边框外与其他盒子之间的距离，外边距有效避免了盒子之间不必紧凑地连接在一起。外边距的属性有 margin-top（上外边距）、margin-right（右外边距）、margin-bottom（下外边距）、margin-left（左外边距）；默认情况下盒子的边框是"无"，背景色是"透明"，所以，默认情况下看不到盒子。

在 Dreamweaver CS6 中，通过 CSS 面板的方框和边框设置盒子模型中的各参数，如图 6-47 所示。

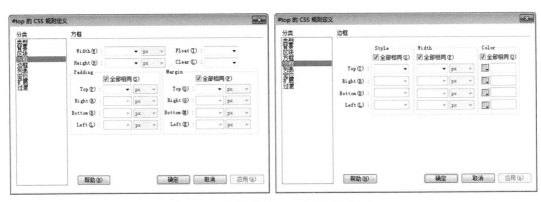

图 6-47　盒子模型在 CSS 面板中的设置

6.4.4　盒子的定位

CSS+Div 是网页设计的一种思想，最基本的思路是实现网页内容和表现的分离，其基本过程是先布局，对网页进行总体设计，再设计内容，设计布局的每个部分。布局过程中对盒子的 CSS 描述以及内容的 CSS 样式的应用都体现了内容和表现的分离。

布局的过程就是插入 Div 及设置和定位 Div 盒子模型的各参数。具体的定位技术有三种，浮动定位、绝对定位、相对定位。

1. 浮动定位

浮动定位是网页布局最常采用的一种定位方式，也是本书推荐的网页布局方法。其本质是通过改变块级元素（block）的默认显示方式，实现多个块级对象在同一行显示。使用浮动定位时，经常用一个容器把各浮动的盒子组织在一起，即实现多个浮动的盒子嵌套在一个盒子中，从而达到更好的布局效果。

浮动定位主要应用在以下情况：

- 用于图像，使文本围绕在图像周围。
- 用于实现在文档中分列。
- 用于创建全部网页布局。

在 Dreamweaver CS6 中，利用 CSS 中方框面板中的 float 属性实现浮动定位，浮动的取值有 left（左对齐，使浮动对象靠近其容器的左边）、right（右对齐，使浮动对象靠近其容器的右边）、none（无，表示对象不浮动）。

提示：浮动非替换元素要指定一个明确的宽度，否则它们会尽可能地窄；假如在一行上只有极少空间可供浮动元素，那么该元素会跳至下一行，这个过程会持续到某行拥有足够的空间为止。

2．绝对定位

绝对定位也是一种常用的 CSS 定位方式，前面学习的 Dreamweaver CS6 中的层布局就是一种简单的绝对定位方法。绝对定位在 CSS 中的写法是 position:absolute，它以父标签的起始点为坐标原点，应用 top（上）、right（右）、bottom（下）、left（左）进行定位。对整个网页布局时父标签为 body，坐标原点在浏览器的左上角。

在 Dreamweaver CS6 中，利用 CSS 中"定位"面板实现绝对定位，如图 6-48 所示。

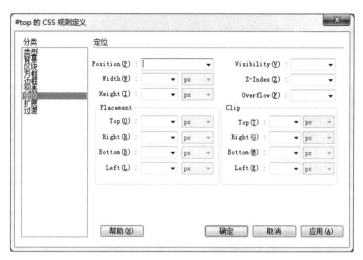

图 6-48　"定位"面板

各属性含义如下：

● Position：设置对象的定位方式，包括 absolute（绝对定位）、relative（相对定位）、static（无特殊定位）。

● Visibility：设置对象定位层的最初显示状态，包括 inherit（继承父层的显示属性）、visible（对象可视）、hidden（隐藏对象）。

● Z-Index：设置对象的层叠顺序。编号较大的层会显示在编号较小的层上边。变量值可以是正值，也可以是负值。

● Overflow：设置层的内容超出了层的大小时如何处理，包括 visible（增加层的大小，从而显示出层的所有内容）、hidden（保持层的大小不变，将超出层的内容剪裁掉）、scroll（总是显示滚动条）、auto（只有在内容超出层的边界时才显示滚动条）。

● Placement：设置对象定位层的位置和大小。可以分别设置 Left（左边定位）、Top（顶部定位）、width（宽）、height（高）。

● Clip：设置定位层的可视区域。区域外的部分为不可视区，是透明的。可以理解为在定位层上放一个矩形遮罩的效果。

3．相对定位

相对定位是指通过设置水平或垂直位置的值，让这个元素"相对于"它原始的起点进行移动。相对定位在 CSS 中的写法是 position:relative，它以元素默认的位置参照定位，应用 top（上）、right（右）、bottom（下）、left（左）进行定位。

提示：即使对某元素进行相对定位，并赋予新的位置值，该元素仍然占据自己原始页面位置，移动后会覆盖其他元素。在 Dreamweaver CS6 中，也是利用 CSS 中的"定位"面板实现相对定位。

6.4.5 经典布局模式

有了盒子的定位方式，网页布局大体分为两种："上中下"布局和"左中右"布局。所谓"上中下"布局指的是\<div\>标签在网页中按照"前后相继"的顺序排列，分割网页空间，其大小和外观由 CSS 样式控制，如图 6-49 所示。"左中右"布局是指插入若干\<div\>标签后，通过设置 CSS 样式的"float""clear"属性，使\<div\>标签浮动，实现"左中右"布局，如图 6-50所示。

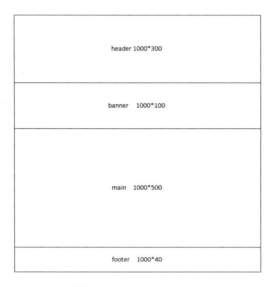

图 6-49 "上中下"布局

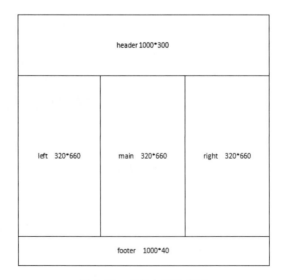

图 6-50 "左中右"布局

6.5　课堂案例 2——制作"长征精神"网站

制作"长征精神"网站，结合以上 CSS+Div 的理论部分，通过练习具体说明使用 CSS+Div 布局技术开发网站的过程。网站主页效果如图 6-51 所示。

图 6-51　"长征精神"网站主页效果

6.5.1　案例目标

首先，使用 Div 对页面整体规划；然后，使用 CSS 定位设计各块的位置；最后，为各块插入内容并设置 CSS 样式。

6.5.2　操作思路

（1）新建网页文件 index .html，设置其页面属性，如图 6-52 所示。

（2）使用 Div 在整体上对页面进行分块，页面由 menu、info1、info2、info3、footer 等组成，ID 表示各版块，页面内的所有 Div 都属于 container。

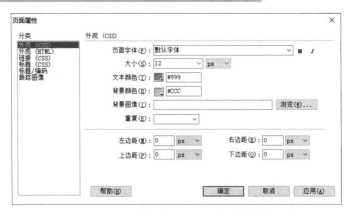

图 6-52 "长征精神"网站主页页面属性设置

（3）在页面中插入图 6-53 所示的 Div。具体插入 Div 的方法见 6.4.1 中的例 6-1，这里就不再重复操作步骤了。

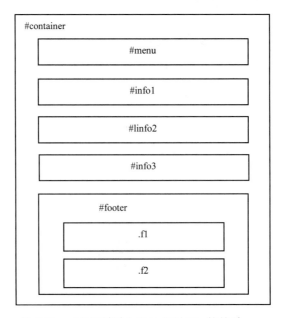

图 6-53 "长征精神"网站主页 Div 的关系

页面中的代码如下：

```
<body>
<div id="container">此处显示　id "container" 的内容
  <div id="menu">此处显示　id "menu" 的内容</div>
  <div id="info1">此处显示　id "info1" 的内容</div>
  <div id="info2">此处显示　id "info2" 的内容</div>
  <div id="info3">此处显示　id "info3" 的内容</div>
  <div id="footer">此处显示　id "footer" 的内容
      <div class="f1">此处显示　class "f1" 的内容</div>
      <div class="f2">此处显示　class "f2" 的内容</div>
  </div>
</div>
</body>
```

（4）使用 CSS 定位技术设计各块的大小和位置。其中，最外面的 container 容器居中显示， menu 位于页面的最上方，info1、info2、info3 并列于页面中部，footer 位于页面最底部，如图 6-54 所示。

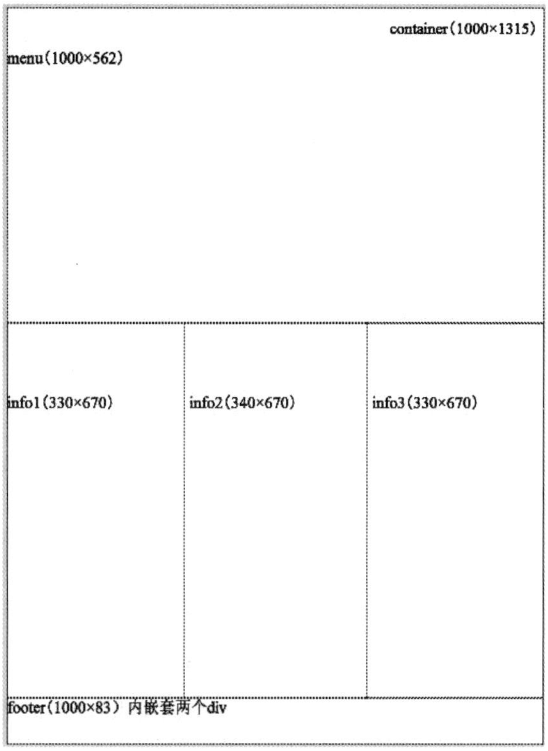

图 6-54　使用 CSS 定位技术设计各块的位置

（5）选中 div#container，在右侧的 CSS 面板中新建 CSS 规则，选择器类型为 ID，选择器名称为 container，在"规则定义"下拉列表框中选择"新建 CSS 样式表文件"，单击"确定"按钮，在弹出的"将样式表文件另存"为对话框中，将样式表文件命名为 layout.css，单击"确定"按钮，弹出"#container 的 CSS 规则定义"对话框，具体参数设置如图 6-55 所示。

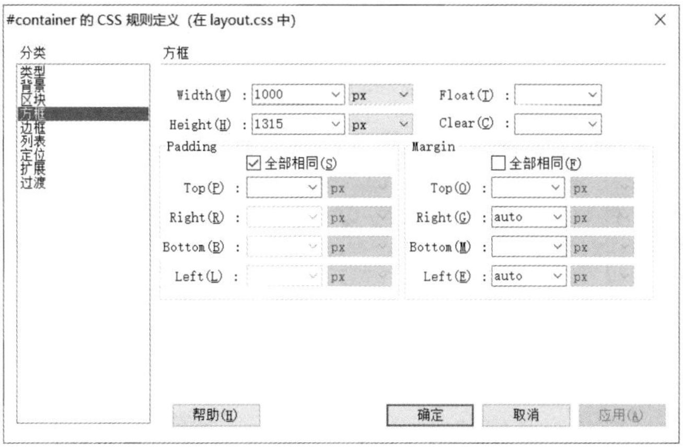

图 6-55　div#container 的"方框"面板属性设置

注意：为保证整个页面的居中效果，我们设置 div#container 的 Margin 属性的 Right 和 Left 属性值为 auto 即可。此外，为便于后期网站的维护，我们将本站点的所有 div 样式都存到 layout.css 文件中。

（6）在 layout.css 样式表文件中，设置 div#menu 的各属性，Width 为 1000px，Height 为 562px，如图 6-56 所示。

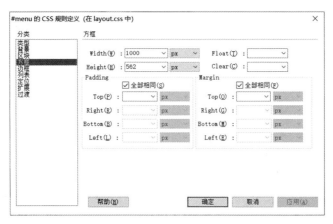

图 6-56　div#menu 的"方框"面板属性设置

（7）在 layout.css 样式表文件中，设置 div#info1 的各属性，Width 为 160px，Height 为 670px，Float 为 left，Padding-Right 为 85px，Padding-Left 为 85px，如图 6-57 所示。在此对话框中，我们通过设置浮动：左对齐，定位 div#info1 的位置。

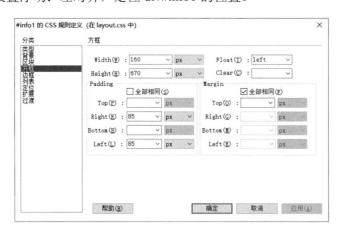

图 6-57　div#info1 的"方框"面板属性设置

（8）在 layout.css 样式表文件中，设置 div#info2 的各属性，Width 为 320px，Height 为 670px，Float 为 left，Padding-Right 为 10px，Padding-Left 为 10px，如图 6-58 所示。

（9）在 layout.css 样式表文件中，设置 div#info3 的各属性，Width 为 310px，Height 为 670px，Float 为 left，Padding-right 为 10px，Padding-left 为 10px，Padding-top 为 0px，如图 6-59 所示。

（10）在 layout.css 样式表文件中，设置 div#footer 的各属性，Height 为 83px，Clear 为 left，如图 6-60 所示。

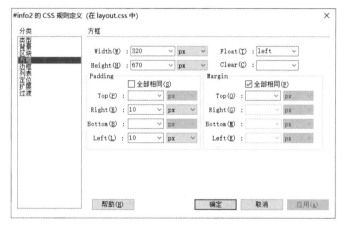

图 6-58　div#info2 的"方框"面板属性设置

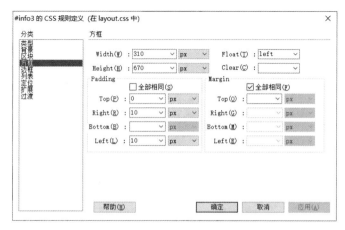

图 6-59　div#info3 的"方框"面板属性设置

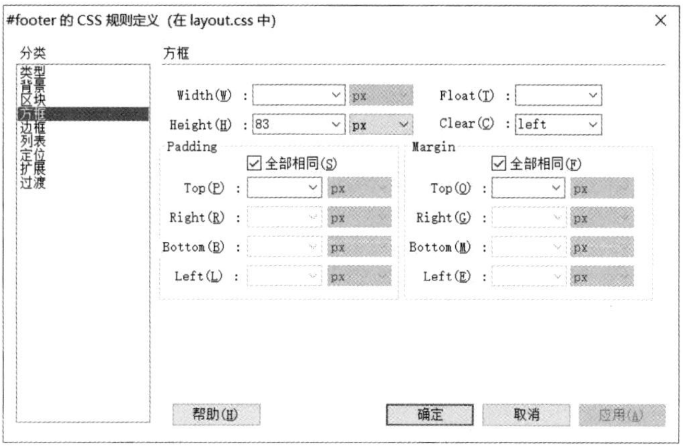

图 6-60　div#footer 的"方框"面板属性设置

（11）在 layout.css 样式表文件中，设置 div.f1 的各属性，Width 为 580px，Float 为 left，Margin-top 为 30px，Margin-left 为 60px，如图 6-61 所示。

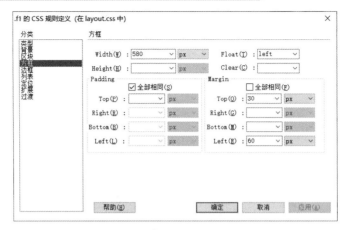

图 6-61　div.f1 的"方框"面板属性设置

（12）在 layout.css 样式表文件中，设置 div.f2 的各属性，Width 为 290px，Float 为 left，Margin-Top 为 35px，Margin-Left 为 50px，如图 6-62 所示。

图 6-62　div.f2 的"方框"面板属性设置

（13）预览并保存网页。

（14）为网页中的各个 div 插入内容，并设置 CSS 样式。具体操作步骤如下：

1）在 div#menu 中插入图片 banner.jpg 。

2）在 div#info1 中录入文字"基本路线"等文字，并插入图片 route.jpg。

3）在 div#info2 中录入"长征事件"等文字，并插入图片 leader.jpg。

4）在 div#info3 中录入文字"历史评价"，并插入图片 spirit.jpg 和评价文字。

5）在 div.f1 中插入文字"版权保护 | 隐私保护 | 网站地图| 联系我们 | 返回首页""电子邮件：jm****@163.com 地址：陕西省西安市碑林区 邮编：710046 传真：029 888888888"。

6）在 div.f2 中插入文字"长征精神 中华民族不屈不挠精神"。

7）插入网页对象后，我们开始设置 CSS 样式，这里主要是页面中文字的格式。新建样式表文件 my.css，此样式表中存放关于网页内容的样式设置。

8）在新建样式表文件 my.css 中创建 CSS 样式.text1，字体字号为 18px，颜色为#451B08，如图 6-63 所示，为"基本路线""长征事件""历史评价"文字应用样式.text1。

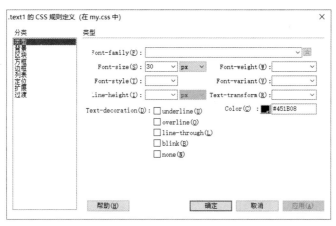

图 6-63　类选择器.text1 的样式

9）在新建样式表文件 my.css 中创建 CSS 样式.text2，字体字号为 14px，如图 6-64 所示，设置下部边框为实线，宽度为 1px，颜色为#CCC，如图 6-65 所示，下部内边距为 5px，如图 6-66 所示，为"基本路线"下方文字应用样式.text2。

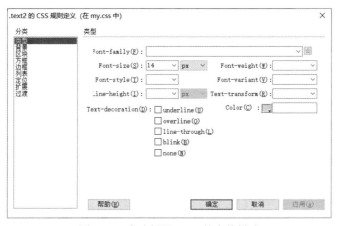

图 6-64　类选择器.text2 的字体样式

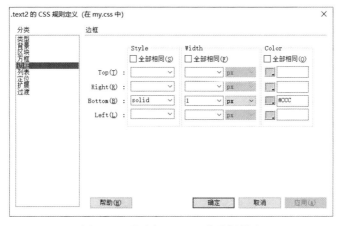

图 6-65　类选择器.text2 的边框样式

10）新建样式表文件 my.css 中创建 CSS 样式.text3，字体为黑体，字号为 20px，颜色为

#66250F，如图 6-67 所示，div.f2 中的文字"长征精神 中华民族不屈不挠精神"应用样式.text3。

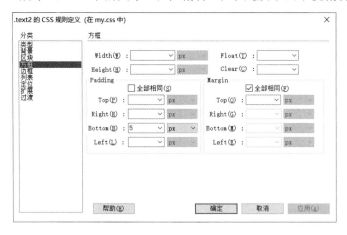

图 6-66 类选择器.text2 的方框样式

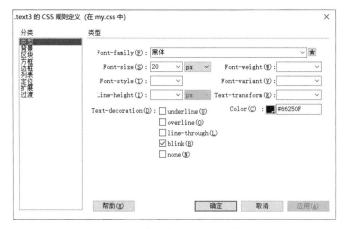

图 6-67 类选择器.text3 的样式

11）保存并预览网页效果。

6.6 本章小结

本章主要介绍了 CSS 的基础知识、在 Dreamweaver CS6 中实现 CSS 设置的方法、盒子模型、CSS+Div 布局，对复杂页面的排版至关重要，关于这个问题，本章只简单介绍了 float 实现的定位，更复杂的布局还要将 float 与 position 结合，实现特殊的效果，详见相关参考书。

6.7 课后习题

1. 完成图 6-68 所示的 CSS+Div 布局，其中，容器的宽度、高度自定义。

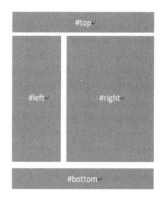

图 6-68   CSS+Div 布局

2．对第 1 题进行改版，实现图 6-69 所示的页面。

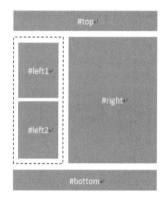

图 6-69   改变版式 1

3．对第 2 题进行改版，实现图 6-70 所示的页面。

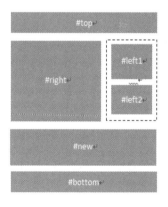

图 6-70   改变版式 2

4．自定义网站主题，为上述页面插入内容。

第 7 章　模板和库

学习要点：

➢　创建模板
➢　编辑模板
➢　管理模板
➢　创建库
➢　管理库

学习目标：

➢　掌握模板的创建和编辑
➢　掌握库文件的创建和使用

导读：

"凡事豫则立，不豫则废。言前定，则不乱；事前定，则不困；行前定，则不疚；道前定，则不穷。"此句出自《礼记·中庸》，意思是，要想成就一件事，必须要有明确的目标、认真的准备和周密的安排。做任何事情，事前有准备就可以成功，没有准备就会失败。说话先有准备，就不会词穷理屈站不住脚；行事前计划，就不会发生错误或后悔的事。

豫（预），就是准备，是努力，是奋斗，是实践，是付出；立，则是成功。没有准备的盲目行动，只能是虽忙忙碌碌却一事无成，有了精心的准备、艰苦的努力、不懈的奋斗、扎实的实践和巨大的付出，才能达到成功的彼岸。所以说，预是成功的基础，不预则是失败的根源，从做事来说，有无事先谋划和准备对事情的成败至关重要，有的人，却不愿意把时间花费在事前思考上，就仓促上马，盲目行动，行动中遇到问题时再解决问题，所以浪费在调整工作方法和目标上的时间比花费在事前思考上的时间多，效率反而很低。有的人，愿意把时间花费在事前思考上，把所有问题都考虑好，行动起来就会很顺利，很节约时间，效率很高。"磨刀不误砍柴工"和"慢决策，快行动"就是这个道理。

由于网络信息量与日俱增，网页更新速度日新月异，因此设计单一页面结构的网页很难满足网页信息快速更新的需要，模板和库技术便应运而生。应用模板技术可以使站点保持统一的风格，使用模板的好处在于当站点中多个文档包含相同的内容时，只要修改模板网页就可自动更新，从而有效避免了分别对各页面进行编辑的窘境。同时利用模板和库建立网页，可以使创建网页与维护网站更加方便和快捷。另外，统一的模板可以提高网站的制作效率，给管理整个网站带来很大方便。本章主要介绍使用模板和库快速制作具有统一风格的网页的方法。

7.1 模板

在 Dreamweaver CS6 中，模板是一种特殊的文档，可以按照模板创建新的网页，从而得到与模板相似又有所不同的新网页。当修改模板时，使用该模板创建的所有网页可以一次自动更新，从而大大提高网站更新和维护的效率。

7.1.1 创建模板

创建网页模板时必须明确模板建在哪个站点中，因此，正确建立站点尤为重要。模板文件创建后，Dreamweaver CS6 自动在站点根目录下创建名为 Templates 的文件夹，所有模板文件都保存在该文件夹中，扩展名为.dwt。

创建模板文件通常采用以下方式。

1. 新建空白模板

新建空白模板采用以下两种方法。

（1）利用菜单命令创建空白模板。选择"文件"→"新建"菜单命令，打开"新建文档"对话框，如图 7-1 所示，选择"空模板"选项，在"模板类型"列表框中选择"HTML 模板"选项，单击"创建"按钮，在"文档"窗口中创建空白模板页。此时的模板文件还未命名，在编辑完成后，可选择"文件"→"保存"菜单命令，保存模板文件。

（2）利用"资源"面板创建空白模板。选择"窗口"→"资源"菜单命令或按 F11 键，打开"资源"面板，如图 7-2 所示，单击"资源"面板左侧的"模板"按钮📋，再单击"资源"面板右下角的"新建模板"按钮🗗，在"资源"面板中输入新模板的名字。

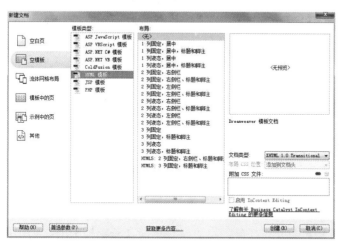

图 7-1 "新建文档"对话框

图 7-2 "资源"面板

2. 根据现有网页文档创建模板

在 Dreamweaver CS6 中还可以将已有的网页文档另存为模板网页。

操作点拨：打开已有的网页文件，选择"文件"→"另存模板"菜单命令，打开"另存模板"对话框，在"站点"右侧下拉列表框中选择该模板在哪个站点使用。在"另存为"文本框中输入新建模板的名称，单击"保存"按钮。此时新建的模板文件保存在网站根文件夹下的

Templates 文件夹中。

提示：不要移动位于 Templates 目录下的模板文件，也不要在该文件夹中放置普通的非模板文件，更不能将模板文件移动到本地站点之外，这些操作都可能导致错误。

7.1.2 编辑模板

模板实际上是具有固定格式和内容的文件。模板的功能很强大，通过定义和锁定可编辑区域可以保护模板的格式和内容不会被修改，只有在可编辑区域才能输入新的内容。模板最大的作用就是创建风格统一的网页文件，在模板内容发生变化后，可以同时更新站点中所有使用该模板的网页文件，不需要逐一修改。

1. 定义可编辑区域

使用统一模板创建的网页具有相同的风格，包含共同的内容，但各网页之间也有不同的内容。所以创建新模板时，应该在模板中设置哪些区域可以编辑，哪些区域不可以编辑，这样在创建基于该模板的文件中，只需编辑相应模板中的可编辑区域即可。

定义可编辑区域的具体操作步骤如下：

（1）选择区域。在打开的网页模板文件中，将光标置于要插入可编辑区域的位置或选中要设为"可编辑区域"的文本或内容。

（2）打开"新建可编辑区域"对话框（图7-3）。选择"插入"→"模板对象"→"可编辑区域"菜单命令或按 Ctrl+Alt+V 组合键，打开"新建可编辑区域"对话框。

图 7-3　"新建可编辑区域"对话框

（3）创建可编辑区域。在"新建可编辑区域"对话框的"名称"文本框中输入可编辑区域的名称，单击"确定"按钮。

提示：如果单击<td>标签选中单个单元格，再插入可编辑区域，则单元格的属性和其中的内容均可编辑；如果将光标定位到单元格，再插入可编辑区域，则只能编辑单元格中的内容。层也有类似的情况。

2. 定义可选区域

可选区域是设计者在模板中定义为可选的部分，用于保存可能在基于模板的文档中出现的内容。定义新的可选区域的具体操作步骤与定义可编辑区的类似，如图7-4所示。

提示：可选区域并不是可编辑区域，它仍然是被锁定的；也可以将可选区域设置为可编辑区域，两者并不冲突。

3. 定义重复区域

重复区域指的是在文档中可能会重复出现的区域。但重复区域不同于可编辑区域，在基于模板创建的网页中，重复区域不可以编辑，但可以多次复制。因此，重复区域通常被设置为网页中需要多次重复插入的部分，多用于表格。若希望编辑重复区域，则可在重复区域中嵌套一个可编辑区域。具体操作步骤如下：

（1）选择区域。在打开的网页模板文件中，将光标置于要插入重复区域的位置或选中要设为"可编辑重复区域"的文本或内容。

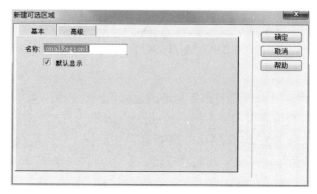

图 7-4　"新建可选区域"对话框

（2）打开"新建重复区域"对话框（图 7-5）。选择"插入"→"模板对象"→"重复区域"菜单命令，打开"新建重复区域"对话框。

图 7-5　新建重复区域

（3）创建可编辑重复区域。在"新建重复区域"对话框的"名称"文本框中输入重复区域的名称，单击"确定"按钮。

提示：在同一模板文件中插入多个重复区域时，名称不能相同；另外，重复区域可以嵌套重复区域，也可以嵌套可编辑区域。

7.1.3　管理模板

在 Dreamweaver CS6 中，还可以对模板文件进行各种管理操作，如重命名、修改、删除等。

1．修改模板文件

在"资源"面板的"模板列表"中，双击要修改的模板文件将其打开，修改完成保存模板文件后，自动打开"更新模板文件"对话框，如图 7-6 所示。若要更新本站点中基于此模板创建的网页，则单击"更新"按钮。

2．重命名和删除模板文件

在"资源"面板的"模板列表"中，选择要重命名或删除的模板文件并右击，在弹出的快捷菜单中选择"重命名"或"删除"命令。删除模板文件后，基于此模板的网页继续保留模板结构和可编辑区域，但此时非可编辑区域无法再修改，因此尽量避免删除模板文件操作。

图 7-6 "更新模板文件"对话框

3. 更新站点

将创建的模板文件应用到页面制作后，可通过修改一个模板，实现修改所有应用此模板文件的网页。更新与该模板有关的所有网页的操作步骤如下：在"资源"面板的"模板列表"中选择修改过的模板文件并右击，在弹出的快捷菜单中选择"更新站点"命令，打开"更新页面"对话框，如图 7-7 所示，单击"开始"按钮。

图 7-7 "更新页面"对话框

7.1.4 创建基于模板的网页

（1）选择"文件"→"新建"菜单命令，打开"新建文档"对话框，如图 7-8 所示，选择"模板中的页"选项，在"站点"列表框中选择"辉煌百年"选项，在"站点'辉煌百年'的模板"列表框中选择"page2"选项，单击"创建"按钮，效果如图 7-9 所示。

图 7-8 "新建文档"对话框

图 7-9 创建完成效果

（2）选择"文件"→"保存"菜单命令，打开"另存为"对话框，如图 7-10 所示，在"文件名"文本框中输入 wy1.html，单击"保存"按钮。

图 7-10 "另存为"对话框

（3）将光标置于可编辑区域 td1 内表格左侧单元格中，插入图像 hangmu1.jpg，在右侧单元格中插入图像 feichuan1.jpg，完成后选择"文件"→"保存"菜单命令，效果如图 7-11 所示。编辑网页中我们会发现，除了定义为可编辑区域的单元格，其他区域的内容是不能编辑和修改的。

图 7-11 编辑基于模板的网页

7.2 库

Dreamweaver CS6 可以把网站中经常反复使用的网页元素存入文件夹 Library 中，该文件夹称为"库"。换言之，库是一种用来存储在整个网页上经常重复使用或更新的网页元素的方法。每个存入库中的网页元素都以单个文件的形式存在，这些文件的扩展名均为.lbi，称为"库项目"。

可以通过改动库来更新所有采用库的网页，不用一个一个地修改网页元素或者重新制作网页。

库与模板相同，可以规范网页格式、避免多次重复操作。它们的区别在于模板在整体上控制了文档的风格，而库项目从局部维护了文档的风格。

7.2.1　创建库项目

与网页模板相同，库项目也是基于站点创建的，故在创建之前需正确建立站点。库项目创建后，Dreamweaver CS6 会自动在站点根目录下创建名为 Library 的文件夹，所有库项目文件都保存在该文件夹中，扩展名为.lbi。创建库项目有以下两种方式。

1. 新建空白库项目

单击"资源"面板左侧的"库"按钮📖，再单击"资源"面板右下角的"新建库项目"按钮➕，在"资源"面板中输入新库项目的名称 tu1，如图 7-12 所示。双击打开该库项目，在"文档"窗口编辑新建库项目，如插入图片后，保存库文件，效果如图 7-13 所示。

图 7-12　新建空白库项目　　　　　　　　图 7-13　编辑库项目效果

2. 根据已有网页元素创建库项目

打开已有网页文档，单击"资源"面板左侧的"库"按钮📖，选中要添加到库的网页元素，按住鼠标左键，将选中的网页元素拖拽到"资源"面板中，形成库项目并命名为 text1，如图 7-14 所示。

图 7-14　根据已有网页元素创建库项目

7.2.2　向页面添加库项目

在网页中应用库项目，实际上就是把库项目插入相应的页面中。向页面添加库项目的具体操作步骤为：新建空白网页或打开已有的网页文档，将光标定位到要插入库项目的网页文档相应位置，分别选中要插入的库项目 text1 和 tu1，单击"资源"面板左下角的"插入"按钮，实现插入，效果如图 7-15 所示。

图 7-15　添加库项目效果

7.2.3　更新库项目

库项目文件的变化会使得引用该库项目的网页文件同时发生变化，从而实现网页的局部统一更新。修改库项目的具体操作步骤为：在"资源"面板的"库项目列表"中，双击要修改的库项目将其打开，此时可像编辑网页一样进行修改。编辑完成并保存库文件后，自动打开"更新库项目"对话框，如图 7-16 所示。若要更新本站点中基于该库项目创建的网页，则单击"更新"按钮。

图 7-16　"更新库项目"对话框

除此之外，库项目的重命名、删除及站点更新等修改操作与模板文件的相同，在此不再赘述。

7.3 课堂案例——制作"垃圾分类网"网站

7.3.1 案例目标

党的"十八大"以来，党和国家日益重视生态文明，将生态文明列入"五位一体"的总体布局。特别是党的"十九大"，首次指出建设生态文明是中华民族永续发展的千年大计。而垃圾分类是生态文明建设的重要环节和关键领域，是生态文明的重要抓手。

本案例主要运用模板技术制作"垃圾分类网"网站。网页框架如图 7-17 所示，效果如图 7-18 所示。

图 7-17 网页框架

图 7-18 网页效果

7.3.2 操作思路

根据练习目标，结合本章知识，具体操作思路如下：

（1）创建模板文件。选择"插入"→"模板对象"→"创建模板"菜单命令，打开空白
HTML 模板文档，如图 7-19 所示。

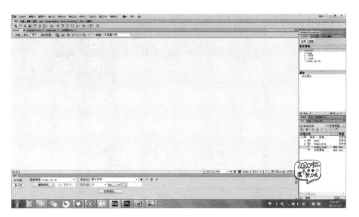

图 7-19　打开空白 HTML 模板文档

（2）在模板文件中插入一个 7 行 4 列的表格，按照图 7-17 所示编辑表格并设置单元格格式。

（3）在表格的第一个单元格插入图片 Logo，作为网站的 banner，效果如图 7-20 所示。

图 7-20　插入 Logo

（4）分别设置表格第一行、第二行和最后一行为不可编辑区，图 7-21 其余区域为可编辑
区域。

（5）保存模板。选择"文件"→"保存全部"菜单命令，保存当前模板文件为"分类原
则.dwt"，弹出"更新模板文件"对话框，如图 7-22 所示。单击"更新"按钮，保存的同时更
新模板文件。

图 7-21　定义可编辑区域

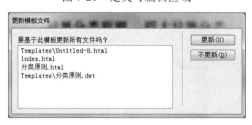

图 7-22　"更新模板文件"对话框

（6）创建基于模板的网页。选择"文件"→"新建"→"模板中的页"菜单命令，选择站点"垃圾分类"，再选择在站点中建立的模板文件"分类原则.dwt"，单击"创建"按钮，新建一个基于模板的空白网页，然后按照图 7-18 中左图所示插入内容，完成网页 1 效果，如图 7-23 所示。

图 7-23　网页 1 效果

（7）参照样图 7-18 编辑和美化网页，并设置导航栏超链接。

（8）选择"文件"→"保存全部"菜单命令，保存所有网页文档，即得到网页 2，效果如图 7-24 所示。

图 7-24　网页 2 效果

7.4　本章小结

本章主要介绍了布局网页的框架技术的应用以及模板和库的应用。框架技术可以根据实际网页内容的特点，决定固定不变的网页元素可以作为网页的导航来设计，而经常可更新的内容可以放置在主框架区域。使用模板和库建立网页，不仅可以使站点保持统一的风格或站点中多个文档包含相同的内容，避免分别编辑，而且可以使创建网页与维护网站更方便、更快捷。

7.5　课后习题——制作"中国瓷器文化网"首页

陶瓷是一种工艺美术，也是民俗文化。我国是世界上著名的文明古国之一，在陶瓷技术与艺术上取得的成就具有重要意义。我国制陶技艺的产生可追溯到公元前 4500 年至前 2500 年，中华民族发展史中的一个重要组成部分是陶瓷发展史，我国在科学技术上的成果以及对美的追求与塑造，在许多方面都是通过陶瓷体现的，并形成各时代非常典型的技术与艺术特征。

根据提供的素材，综合运用模板和库技术，制作"中国瓷器文化网"首页，让更多的人了解我国陶瓷文化。网页结构如图 7-25 所示，网页效果如图 7-26 所示。

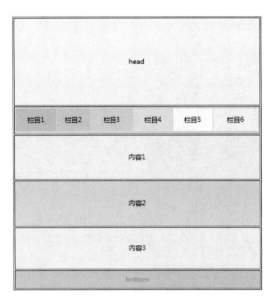

图 7-25　网页结构图

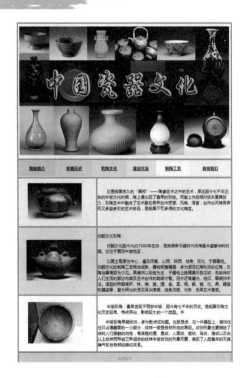

图 7-26　网页效果

第8章　使用 Photoshop CS6 制作网页素材

学习要点：

➢ 认识 Photoshop CS6 的工作界面
➢ 掌握 Photoshop CS6 的基本操作
➢ 掌握相关工具的使用方法

学习目标：

➢ 能使用工具编辑图像
➢ 能设计网站使用的图片

导读：

如今是一个崭新的信息时代，互联网作为信息社会的典型代表，代表着一种全新的信息交流方式。在我国，7/10 的小企业都有商业网站，非商业实体及个人也可以自由开发自己的网站。每个网站都由很多网页构成，因此网页是构成互联网的基本元素。网页的构成要素包括文字、图形图像、色彩和版式等。一个好的网页固然要以版式为中心，然而图形图像处于不可或缺的地位。调查表明，现代人接收信息 80%源于图像。也就是说，图形图像比文字更容易引起人们的关注，更能够直观、通俗地将相关理念、意境等信息直接、形象、高效地传达给浏览者。于是，在网页界面设计中，设计制作适当的图形图像能更好地突出主题。常言道"好图胜千言"，于是设计制作出具有号召力、感染力和宣传力的图形图像显得尤为重要。

Photoshop 是由 Adobe 公司推出的图形图像处理软件，由于它具有强大的图像处理功能，因此一直受到广大平面设计师的青睐。Photoshop 的应用领域包括数码照片处理、广告摄影、视觉创意、平面设计、艺术文字、建筑效果图后期修饰及网页制作等。

实践是检验真理的唯一标准。熟练掌握 Photoshop CS6 图像处理软件的使用方法，离不开兴趣与反复操作、练习，熟能生巧，一分耕耘一分收获，练习中不仅要善于总结、善于对比归纳，而且应勇于尝试、大胆创新。

8.1　图形图像的基础知识

图形与图像是人们非常容易接受的信息媒体。一幅图画可以形象、生动、直观地表现大量信息，具有文本和声音所不能比拟的优点。因此，灵活地使用图形图像可以达到事半功倍的效果。

8.1.1　位图和矢量图

位图和矢量图是根据运用软件以及最终存储方式的不同生成的两种文件类型。在图像处理过程中，分清位图和矢量图的不同性质是非常必要的。

1. 位图

位图，也叫作光栅图，是由很多个像小方块一样的颜色网格（即像素）组成的图像。位图中的像素用位置值与颜色值表示。由于位图能够表现出颜色、阴影等一些细腻色彩的变化，因此位图是一种具有色调图像的数字表示方式。位图具有以下特点。

（1）文件所占空间大。用位图存储分辨率高的彩色图像需要较大的存储空间，这是因为像素之间相互独立，所以其占用的硬盘空间、内存和显存比矢量图都大。

（2）会产生锯齿。位图是由最小的色彩单位"像素"组成的，所以位图的清晰度与像素有关。位图放大到一定的倍数后，看到的便是一个一个的像素，即一个一个的色块，整体图像会变得模糊且产生锯齿。

（3）位图图像在表现色彩、色调方面的效果比矢量图优越，尤其是在表现图像的阴影和色彩的细微变化方面效果更佳。

2. 矢量图

矢量图，又称向量图，是由图形的几何特性描述组成的图像，其特点如下：

（1）文件小。由于图像中保存的是线条和图块的信息，因此矢量图形与分辨率和图像尺寸无关，只与图像的复杂程度有关，简单图像所占的存储空间小。

（2）图像尺寸可以无极缩放。在对图形进行缩放、旋转或变形操作时，图形仍具有很高的显示质量和印刷质量，且不会产生锯齿模糊效果。

（3）可采取高分辨率印刷。矢量图形文件可以在任何输出设备及打印机上以打印机或印刷机的高分辨率打印输出。

8.1.2 像素和分辨率

像素与分辨率是 Photoshop 中最常用的两个概念，对它们的设置决定了文件的大小及图像的质量。

1. 像素

像素（Pixel）是 Picture 和 Element 两个单词的缩写，是用来计算数字影像的一种单位。一个像素的尺寸不易衡量，它实际上只是屏幕上的一个光点。计算机显示器、电视机、数码相机等的屏幕都使用像素作为它们的基本度量单位，屏幕的分辨率越高，像素就越多。

2. 分辨率

分辨率（Resolution）是数码影像中的一个重要概念，它是指在单位长度中，所表达或获取的像素数量。图像分辨率使用的单位是 ppi（pixel per inch），意思是"每英寸所表达的像素数目"。另外还有一个概念是打印分辨率，它的使用单位是 dpi（dot per inch），意思是"每英寸所表达的打印点数"。

高分辨率的图像包含的像素多，能够非常好地表现出图像丰富的细节，但也会增大文件的大小，同时需要耗用更多的计算机内存（RAM）资源，存储时会占用更大的硬盘空间等。而对于低分辨率的图像来说，其包含的像素少，图像会显示得非常粗糙，在排版打印后，打印出的效果会非常模糊。所以在图像处理过程中，必须根据图像的用途决定使用合适的分辨率，在能够保证输出质量的情况下，尽量不要因为分辨率过高而占用更多的计算机内存空间。

8.1.3　常用文件格式

由于 Photoshop 是功能非常强大的图像处理软件，在存储文件时需要设置文件的存储格式。Photoshop 可以支持很多种图像文件格式，下面介绍几种常用的文件格式，有助于满足读者对图像进行编辑、保存和转换的需要。

（1）PSD 格式。PSD 格式是 Photoshop 的专用格式，它能保存图像数据的每个细节，可以将 RGB 存储为 CMYK 颜色模式，也能存储自定义颜色数据。它还可以保存图像中各图层的效果和相互关系，各图层之间相互独立，便于对单独的图层进行修改和制作各种特效。其唯一的缺点是存储的图像文件特别大。

（2）BMP 格式。BMP 格式也是 Photoshop 最常用的点阵图格式之一；支持多种 Windows 和 OS/2 应用程序软件，支持 RGB、索引颜色、灰度和位图颜色模式的图像，但不支持 Alpha 通道。

（3）TIFF 格式。TIFF 格式是最常用的图像文件格式，它既应用于 MAC 又应用于 PC。该格式文件以 RGB 全彩色模式存储，在 Photoshop 中可支持 24 个通道的存储，TIFF 格式是除了 Photoshop 自身格式外，唯一能存储多个通道的文件格式。

（4）EPS 格式。EPS 格式是 Adobe 公司专门为存储矢量图形设计的，用于在 PostScript 输出设备上打印，它可以使文件在各软件之间进行转换。

（5）JPEG 格式。JPEG 格式是最卓越的压缩格式。虽然它是一种有损失的压缩格式，但是在图像文件压缩前，可以在文件压缩对话框中选择所需图像的最终质量，这样就有效地控制了 JPEG 在压缩时的数据损失量。JPEG 格式支持 CMYK、RGB 和灰度颜色模式的图像，不支持 Alpha 通道。

（6）GIF 格式。GIF 格式的文件是 8 位图像文件，几乎所有的软件都支持该格式。它能存储成背景透明化的图像形式，所以这种格式的文件大多用于网络传输，并且可以将多张图像存储成一个档案，形成动画效果。但它最大的缺点是只能处理 256 种色彩的文件。

（7）AI 格式。AI 格式是一种矢量图形格式，在 Illustrator 中经常用到，它可以把 Photoshop 中的路径转化为*.AI 格式，然后在 Illustrator 或 CorelDRAW 中将文件打开，并调整颜色和形状。

（8）PNG 格式。PNG 格式可以使用无损压缩方式压缩文件，支持带一个 Alpha 通道的 RGB 颜色模式、灰度模式及不带 Alpha 通道的位图、索引颜色模式。它产生的透明背景没有锯齿边缘，但一些较早版本的 Web 浏览器不支持 PNG 格式。

8.1.4　常用颜色模式

图像的颜色模式是指图像在显示及打印时定义颜色的不同方式，计算机软件系统为用户提供的颜色模式主要有 RGB 颜色模式、CMYK 颜色模式、Lab 颜色模式、位图颜色模式、灰度颜色模式、索引颜色模式等。每种颜色都有自己的使用范围和优缺点，并且各模式之间可以根据处理图像的需要进行模式转换。

1. RGB 颜色模式

RGB 颜色模式是屏幕显示的最佳模式，该模式下的图像是由红（R）、绿（G）、蓝（B）三种基本颜色组成，这种模式下图像中的每个像素颜色用三个字节（24）位表示，每种颜色又可以有 0~255 的亮度变化，所以能够反映出大约 16.7×10^6 种颜色。

RGB 颜色模式又叫作光色加色模式，因为每叠加一次具有红、绿、蓝亮度的颜色，其亮度都有所增大，红、绿、蓝三色相加为白色。显示器、扫描仪、投影仪、电视等的屏幕都是采用这种加色模式。

2. CMYK 颜色模式

CMYK 颜色模式下的图像由青色（C）、洋红（M）、黄色（Y）、黑色（K）四种颜色构成，该模式下图像的每个像素颜色由四个字节（32 位）表示，每种颜色的数值范围为 0%~100%，其中青色、洋红和黄色分别是 RGB 颜色模式中的红、绿、蓝的补色，例如用白色减去青色，剩余的就是红色。CMYK 颜色模式又叫作减色模式。由于一般打印机或印刷机的油墨都是 CMYK 颜色模式的，因此这种模式主要用于彩色图像的打印或印刷输出。

3. Lab 颜色模式

Lab 颜色模式是 Photoshop 的标准颜色模式，也是由 RGB 模式转换为 CMYK 模式的中间模式。它的特点是在使用不同的显示器或打印设备时，显示的颜色都是相同的。

4. 灰度颜色模式

灰度颜色模式下图像中的像素颜色用一个字节表示，即每个像素可以用 0~255 个不同的灰度值表示，其中 0 表示黑色，255 表示白色。一幅灰度图像在转变成 CMYK 模式后可以增加色彩。如果将 CMYK 模式的彩色图像转换为灰度模式，则颜色不能恢复。

5. 位图颜色模式

位图颜色模式下的图像中的像素用一个二进制位表示，即由黑和白两色组成。

6. 索引颜色模式

索引颜色模式下图像中的像素颜色用一个字节表示，像素只有 8 位，最多可以包含 256 种颜色。RGB 或 CMYK 颜色模式的图像转换为索引颜色模式后，软件将为其建立一个 256 种颜色的色表存储并索引其所用颜色。这种模式的图像质量不是很高，一般适用于多媒体动画制作中的图片或 Web 页中的图像用图。

8.2　Photoshop CS6 基本操作

在计算机中安装了 Photoshop CS6 后，单击桌面任务栏中的"开始"按钮，在弹出的菜单中依次选择"所有程序"→Adobe Photoshop CS6 命令，即可启动该软件。

8.2.1　进入 Photoshop CS6

启动 Photoshop CS6 之后，在工作区打开一幅图像，其默认的工作界面如图 8-1 所示。Photoshop CS6 的界面按功能可分为菜单栏、工具箱、工具属性栏、文档窗口、状态栏以及面板等组件。

- 菜单栏：可以调整 Photoshop 窗口尺寸，将窗口最大化、最小化或关闭，菜单栏包含可以执行的各种命令，单击菜单名称即可打开相应的菜单。
- 工具属性栏：可用来设置工具的各种选项，它会随着所选工具的不同而变换内容。
- 工具箱：包含用于执行各种操作的工具，如创建选区、移动图像、绘画、绘图等。
- 文档窗口：显示和编辑图像的区域。

- 状态栏：可以显示文档大小、文档尺寸、当前工具和窗口缩放比例等信息。
- 面板：可以帮助我们编辑图像。有的用来设置编辑内容，有的用来设置颜色属性。

图 8-1　Photoshop CS6 工作界面

8.2.2　新建和打开图像文件

要在一个空白的画面上制作一幅图像，应使用新建图像文件的操作。要修改和处理一幅原有的图像，应使用打开图像文件的操作。

1. 新建文件

启动 Photoshop CS6 程序后，默认状态下没有可操作的文件，可以根据需要创建空白文件。执行"文件"→"新建"菜单命令，打开"新建"对话框，如图 8-2 所示，输入文件名称，设置文件尺寸、分辨率、颜色模式和背景内容等，即可创建一个空白文件。

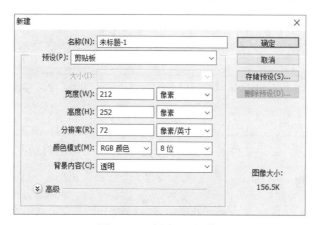

图 8-2　"新建"对话框

2. 打开文件

在 Photoshop CS6 中，打开图像文件的方法有多种，应根据实际情况选择不同的打开方式。

方法 1："打开"命令。

执行"文件"→"打开"菜单命令或按 Ctrl+O 组合键，将弹出"打开"对话框，在"查找范围"下拉列表框中选择打开文件的位置，然后选择需要打开的图像文件，单击"打开"按钮即可。

方法 2：拖动法打开文件。

在图片所在的文件夹窗口中选中要打开的图像，按住鼠标左键将其拖动到桌面状态栏中的 Photoshop CS6 最小化按钮上，此时就会自动切换到 Photoshop CS6 窗口，释放鼠标即可打开该图像。

方法 3：最近打开文件。

Photoshop CS6 记录了最近打开过的 10 个文件，执行"文件"→"最近打开文件"菜单命令，可以在弹出的子菜单中选择要打开的图像文件。

8.2.3　保存和关闭图像文件

在创建或修改了图像文件后，必须保存图像文件。只有执行了"保存"操作后，前期的修改在关闭图像文件后才会留存。

1. 保存文件

图像编辑完成后，要退出 Photoshop CS6 的工作界面时，就需要保存完成的图像，保存的方法有多种，可根据不同的需要进行选择。

方法 1：通过"存储"命令保存文件。

当打开一个图像文件进行编辑之后，执行"文件"→"存储"菜单命令，或按 Ctrl+S 组合键保存所做的修改，图像会按照原有的格式存储。如果是一个新建的文件，则执行该命令后会打开"存储为"对话框。

方法 2：通过"存储为"命令保存文件。

要将文件保存为其他名称、其他格式或者是存储在其他位置，可以执行"文件"→"存储为"菜单命令，在打开的"存储为"对话框中另存文件。

2. 关闭文件

图像编辑完成后，可以采用以下三种方法关闭文件。

方法 1：执行"文件"→"关闭"菜单命令，或者单击文档窗口右上角的 ✕ 按钮，可以关闭当前的图像文件。

方法 2：如果在 Photoshop CS6 中打开了多个文件，可以执行"文件"→"关闭全部"菜单命令关闭所有文件。

方法 3：执行"文件"→"退出"菜单命令，或者单击程序窗口右上角的 ✕ 按钮，关闭文件并退出 Photoshop CS6。如果文件没有保存，则会弹出一个提示对话框，询问是否保存文件。

8.2.4　视图的控制

编辑图像时，需要经常放大或缩小图像、移动画面的显示区域，以便更好地观察和处理图像，下面介绍视图的控制方法。

1. 图像的放大和缩小

"缩放工具" 🔍 可以将图像成比例地放大或缩小显示，以便细致地观察或处理图像的局部细节。"缩放工具"属性栏如图 8-3 所示。

图 8-3 "缩放工具"属性栏

- "放大"按钮 🔍：激活此按钮，在图像窗口中单击可以将图像窗口中的画面放大显示。
- "缩小"按钮 🔍：激活此按钮，在图像窗口中单击可以将图像窗口中的画面缩小显示。
- "调整窗口大小以满屏显示"选项：勾选此复选框，放大或缩小显示图像时，系统将自动调整图像窗口的尺寸，从而使图像窗口与缩放后的图像显示匹配；若不勾选此复选框，缩放图像时将只改变图像在现有尺寸的窗口内的显示，而不改变图像窗口的尺寸。
- "缩放所有窗口"选项：当在工作区中打开多个图像窗口时，勾选此复选框或按住 Shift 键，缩放操作可以影响到工作区中的所有图像窗口，即同时放大或缩小所有图像文件。
- "细微缩放"选项：勾选此复选框后，在画面中单击并向左侧或右侧拖动鼠标，能够以平滑的方式快速放大或缩小窗口；取消勾选此复选框时，在画面中单击并拖动鼠标，可以拖出一个矩形选框，放开鼠标后，矩形选框内的图像会放大至整个窗口。按住 Alt 键操作可以缩小矩形选框内的图像。
- "实际像素"按钮：单击该按钮，图像以实际像素（即 100%）的比例显示，也可以双击缩放工具进行相同调整。
- "适合屏幕"按钮：单击该按钮，可以在窗口中最大化显示完整的图像。
- "填充屏幕"按钮：单击该按钮，可以在整个屏幕范围内最大化显示完整的图像。
- "打印尺寸"按钮：单击该按钮，可以按照实际的打印尺寸显示图像。

2. 视图的移动

图像放大显示后，如果图像无法在图像窗口中完全显示，则可以利用"抓手工具" ✋ 在画面中按下鼠标左键拖动，从而在不影响图层相对位置的前提下平移图像在窗口中的显示位置，以观察图像窗口中无法显示的图像。

8.2.5 辅助工具

辅助工具不能用来编辑图像，但可以帮助用户更好地完成选择、定位或编辑图像的操作。

1. 标尺

"标尺"可以精确地确定图像或元素的位置，如果显示标尺，则标尺会出现在当前文件窗口的顶部和左侧。执行"视图"→"标尺"菜单命令，或者按下 Ctrl+R 组合键可以显示或隐藏标尺。

2. 参考线

为了精确定位或进行对齐操作，可绘制一些参考线，这些参考线浮动在图像上方，且不会被打印出来。创建参考线首先要显示标尺，即执行"视图"→"标尺"菜单命令，然后将光标置于垂直标尺上，单击并向右拖动即可拖出垂直参考线。若将光标置于水平标尺上，单击并向下拖动即可拖出水平参考线，如图 8-4 所示。

图 8-4　参考线

3.　网格

网格是一种常用的辅助工具，用于对齐各种规则性较强的图案。在默认情况下，网格不会被打印出来。执行"视图"→"显示"→"网格"菜单命令，即可隐藏或显示网格。

8.2.6　设置前景色/背景色

在工具箱下方有前景色和背景色设置方块，默认的前景色为黑色，背景色为白色。使用下述方法可以快速设置前景色和背景色。

方法 1：单击"设置前景色"/"设置背景色"按钮。

单击"设置前景色"/"设置背景色"按钮，打开"拾色器（前景色/背景色）"对话框，如图 8-5 所示，在对话框中拖拽颜色滑条上的三角滑块，可以改变左侧主颜色框中的颜色范围，单击颜色区域，即可选取需要的颜色，选取后的颜色值将显示在右侧对应的选项中，设置完成后单击"确定"按钮即可。

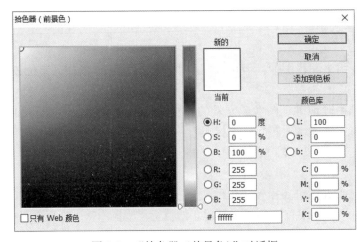

图 8-5　"拾色器（前景色）"对话框

方法 2：单击"切换前景色和背景色"按钮。

单击"切换前景色和背景色"按钮后，交换当前的前景色和背景色。

方法 3：单击"默认前景色和背景色"按钮。

单击"默认前景色和背景色"按钮后，前景色和背景色设置成默认的黑色、白色。

8.3　选择图像

在 Photoshop CS6 中处理图像时，经常需要调整局部效果，通过选择特定区域，可以对该区域进行编辑，这个特定的区域就是"选区"。Photoshop CS6 中包含多种选区工具，应用时只有根据具体的操作正确地使用这些选区工具创建选区，才能快速得到需要编辑的图像对象。

8.3.1　使用选框工具选取

选框工具主要包括矩形选框工具、椭圆选框工具、单行选框工具和单列选框工具。选择图像是编辑图像之前必须进行的一个重要步骤，灵活、精确地选择图像是提高编辑图像效率和质量的关键。

1．矩形选框工具

"矩形选框工具" 主要用于创建矩形选区与正方形选区，按住 Shift 键可以创建正方形选区，如图 8-6 所示。

图 8-6　"矩形选框工具"创建选区

选择"矩形选框工具"后，属性栏会显示相应设置参数，如图 8-7 所示。其他选区工具的属性栏具有相似功能。

图 8-7　"矩形选框工具"属性栏

● 选区运算按钮：单击"新选区"按钮 ，可以创建一个新的选区；单击"添加到选区"按钮，可以在原有选区的基础上添加新创建的选区；单击"从选区减去"按钮，可以在原有选区的基础上减去当前绘制的选区；单击"与选区交叉"按钮，可以在原有选区的基础上得到与新建选区相交的区域。

- 羽化：用来设置选区的羽化范围。
- 样式：用来设置矩形选区的创建方法。当选择"正常"选项时，可以创建任意大小的矩形选区。当选择"固定比例"选项时，可以在右侧的"宽度"和"高度"文本框中输入数值，以创建固定比例的选区。当选择"固定大小"选项时，可以在右侧的"宽度"和"高度"文本框中输入数值，以创建固定大小的选区。
- 调整边缘：与执行"选择"→"调整边缘"命令相同，单击该按钮可以打开"调整边缘"对话框，在该对话框中可以对选区进行平滑、羽化等处理。

2. 椭圆选框工具

"椭圆选框工具"主要用来制作椭圆选区和正圆选区，按住 Shift 键可以创建正圆选区，如图 8-8 所示。

图 8-8 "椭圆选框工具"创建选区

"椭圆选框工具"属性栏如图 8-9 所示。

○ ▾ □ □ □ □ 羽化：0 像素 ✓ 消除锯齿 样式：正常 ▾ 宽度：⇄ 高度：调整边缘…

图 8-9 "椭圆选框工具"属性栏

消除锯齿：通过柔化边缘像素与背景像素之间的颜色过渡效果来使选区边缘变得平滑。由于"消除锯齿"只影响边缘像素，因此不会丢失细节，在剪切、复制和粘贴选区图像时非常有用。

3. 单行选框工具和单列选框工具

"单行选框工具"和"单列选框工具"主要用来创建高度或宽度为 1 像素的选区，常用来制作网格效果，如图 8-10 所示。

图 8-10　"单行选框工具"和"单列选框工具"创建选区

8.3.2　使用套索工具选取

套索工具主要包括套索工具、多边形套索工具和磁性套索工具，主要用于选择不规则的图像范围。

1. 套索工具

使用"套索工具" 可以非常自由地绘制出形状不规则的选区。选择"套索工具"以后，在图像上拖动光标绘制选区边界，如图 8-11 所示。当释放鼠标左键时，选区将自动闭合。

图 8-11　"套索工具"绘制选区边界

2. 多边形套索工具

"多边形套索工具" 用于选择不规则的多边形选区，通过连续单击创建选区边缘即可完成，如图 8-12 所示。"多边形套索工具"适用于选取一些复杂的、棱角分明的图像。

图 8-12 "多边形套索工具"选择多边形选区

3. 磁性套索工具

"磁性套索工具" 能够以颜色上的差异自动识别对象的边界，特别适合快速选择与背景对比强烈且边缘复杂的对象。使用"磁性套索工具"时，套索边界会自动对齐图像的边缘，如图 8-13 所示。

图 8-13 "磁性套索工具"识别对象边界

操作点拨：当勾选完比较复杂的边界时，可以按住 Alt 键切换到"多边形套索工具"，以勾选转角比较强烈的边缘。

"磁性套索工具"属性栏如图 8-14 所示。

| ♭ ▾ | ■ ▣ ▫ ▫ | 羽化：0 像素 | ☑消除锯齿 | 宽度：10 像素 | 对比度：10% | 频率：57 | ✐ | 调整边缘… |

图 8-14 "磁性套索工具"属性栏

- 宽度：宽度值决定了以光标中心为基准，光标周围有多少像素能够被"磁性套索工具"检测到，如果对象的边缘比较清晰，则可以设置较大的值；如果对象的边缘比较模糊，则可以设置较小的值。

- 对比度：主要用来设置"磁性套索工具"感应图像边缘的灵敏度。如果对象的边缘比较清晰，则可以将该值设置得大一些；如果对象的边缘比较模糊，则可以将该值设置得小一些。

- 频率：在使用"磁性套索工具"勾画选区时，Photoshop CS6 会生成很多锚点，"频率"选项就是用来设置锚点的数量。数值越大，生成的锚点就越多，捕捉到的边缘越准确，但是可能会造成选区不够平滑。
- "钢笔压力"按钮：如果计算机配有数位板和压感笔，可以激活该按钮，Photoshop CS6 会根据压感笔的压力自动调节"磁性套索工具"的检测范围。

8.3.3　使用魔棒工具选取

"魔棒工具" ✨用于在颜色相近的图像区域中创建选区，只需单击即可选择颜色相同或相近的图像。"魔棒工具"属性栏如图 8-15 所示。

图 8-15　"魔棒工具"属性栏

- 取样大小：可根据光标所在位置像素的精确颜色进行选择；选择"3×3 平均"选项，可参考光标所在位置 3 个像素区域内的平均颜色；选择"5×5 平均"选项，可参考光标所在位置 5 个像素区域内的平均颜色；其他选项依此类推。
- 容差：控制创建选区范围。输入的数值越小，要求的颜色越相近，选区范围就越小；相反，颜色相差越大，选区范围就越大。
- 消除锯齿：模糊羽化边缘像素，使其与背景像素产生的颜色逐渐过渡，从而去掉边缘明显的锯齿状。
- 连续：选中该复选框时，只选取与单击处连接区域中相近的颜色；如果不选中该复选框，则选取整个图像中相近的颜色。
- 对所有图层取样：用于有多个图层的文件，勾选该复选框时，选取文件中所有图层中相同或相近颜色的区域；不勾选时，只选取当前图层中相同或相近颜色的区域。

8.3.4　使用钢笔工具选取

利用 Photoshop CS6 的钢笔工具能够绘制直线型或曲线型的路径，并可以对绘制出的路径进行填充和描边，同时路径能够转换为选区。

"钢笔工具" ✒️是矢量绘图工具，使用"钢笔工具"绘制出的矢量图形为路径。选择"钢笔工具"并在图像文件中依次单击，可以创建直线形态的路径；拖动鼠标可以创建平滑、流畅的曲线路径。

在绘制直线时，按住 Shift 键，可以限制在 45°的倍数方向绘制，如图 8-16 所示。

图 8-16　绘制直线路径和曲线路径

"钢笔工具"属性栏如图 8-17 所示。

图 8-17　"钢笔工具"属性栏

- 路径 路径 ：选择此选项，可以创建普通工作路径，此时"图层"面板中不会生成新图层，仅在"路径"面板中生成工作路径。单击该选项，可弹出"形状"和"像素"选项。选择 形状 选项，可以创建用前景色填充的图形，并位于一个单独的形状图层中。它由形状和填充区域两部分组成，是一个矢量图形，同时出现在路径面板中。选择 像素 选项，可以绘制用前景色填充的图形，但不在"图层"面板中生成新图层，也不在"路径"面板中生成工作路径。

- 建立：可以使路径与选区、蒙版与形状间的转换更加方便、快捷。绘制完路径后，右侧的按钮才可用。单击"选区"按钮，可将当前绘制的路径转换为选区；单击"蒙版"按钮，可创建图层蒙版；单击"形状"按钮，可将绘制的路径转换为形状图形，并以当前前景色填充。

- 运算方式 ：单击此按钮，在弹出的下拉列表中选择选项，可对路径进行相加、相减、相交或反交运算，该按钮的功能与选区运算的相同。

- 路径对齐方式 ：可以设置路径的对齐方式，当选择两条以上路径时才可用。

- 路径排列方式 ：设置路径的排列方式。

- ：单击此按钮，将弹出"橡皮带"选项，勾选此选项，在创建路径的过程中，当鼠标移动时，会显示路径轨迹的预览效果。

- 自动添加/删除：在使用"钢笔工具"绘制图形或路径时，勾选此复选框，"钢笔工具"将具有"添加锚点工具"和"删除锚点工具"的功能。

- 对齐边缘：将矢量形状边缘与像素网格对齐，只有选择 形状 选项时，该选项才可用。

8.3.5　编辑选区

在"选择"菜单中，可以通过多个命令对已有的选区范围进行变换调整，也可以设置相似颜色的选区以及对选区进行精确的修改，还可以对选区边缘进行柔化处理。

1. 扩展选区

如果需要将原选区向外扩展，则可以使用"扩展"命令。执行"选择"→"修改"→"扩展"命令，在"扩展选区"对话框中设置"扩展量"即可扩大选区。

2. 收缩选区

"收缩"命令可以使选区缩小，执行"选择"→"修改"→"收缩"命令，在"收缩选区"对话框中设置"收缩量"即可缩小选区。

3. 羽化选区

羽化选区是通过建立选区和选区周围像素之间的转换边界来模糊边缘，这种模糊方式将丢失选区边缘的一些细节。对选区执行"选择"→"修改"→"羽化"命令或按 Shift+F 组合键，在弹出的"羽化选区"对话框中设置"羽化半径"即可完成羽化操作，如图 8-18 所示。

图 8-18 羽化选区

4. 变换选区

执行"选择"→"变换选区"命令,可以在选区上显示定界框,拖动控制点即可单独变换选区,选区内的图像不受影响,如图 8-19 所示。

图 8-19 变换选区

5. 选区的存储和载入

使用 Photoshop CS6 处理图像时,可以保存创建的选区,以便以后的操作使用到,当需要时,可载入之前存储的选区进行操作,这在处理复杂图像时经常使用到。

(1)存储选区。首先使用选区工具或相应的菜单命令在图像窗口中创建选区,然后执行"选择"→"存储选区"命令,在弹出的"存储选区"对话框(图 8-20)中设置各参数选项。

- 文档:用于设置存储选区的文档。
- 通道:用于设置存储选区的目标通道。
- 名称:用于设置新建 Alpha 通道的名称。
- 操作:用于设置存储的选区与原通道中选区的运算操作。

(2)载入选区。保存选区后,可以在图像窗口中随时载入存储的选区。执行"选择"→"载入选区"命令,弹出"载入选区"对话框,如图 8-21 所示。

图 8-20 "存储选区"对话框

图 8-21 "载入选区"对话框

- 文档：用于选择存储选区的文档。
- 通道：用于选择存储选区的通道。
- 反相：选中该复选框，可将通道中存储的选区反相选择。
- 操作：用于选择载入的选区与图像中当前选区的运算方式。

8.4　绘制和修复图像

8.4.1　图像的裁剪和移动

1. 图像的裁剪

在进行图像处理时，经常需要对其裁剪，删除多余的内容，使画面更加完美。选择"裁剪工具" 后，画面中出现裁切框，调整裁切框以确定裁切区域，如图 8-22 所示。

图 8-22　裁切区域

"裁剪工具"属性栏如图 8-23 所示。

图 8-23　"裁剪工具"属性栏

- 约束方式：在约束方式下拉列表框 中可以选择多种裁切约束比例。

- 约束比例：在约束比例文本框 ▬▬▬▬▬▬ x ▬▬▬▬▬▬ 中可以输入自定的约束比例数值。
- 旋转："旋转"按钮 ⟳ 用于旋转裁切框。
- 拉直："拉直"按钮 ▦ 通过在图像上画一条直线来拉直图像。
- 视图:在下拉列表框中可以选择裁切的参考线的方式,也可以设置参考线的叠加方式。
- 设置其他裁切选项 ✿：可以设置裁切的其他参数,例如可以使用经典模式或设置裁切屏蔽的颜色、透明度等参数。
- 删除裁剪的像素：确定是否保留或删除裁剪框外部的像素数据。如果取消选中该复选框,多余的区域可以处于隐藏状态;如果想要还原裁切之前的画面,只需要再次选择"裁剪工具",然后随意操作即可看到原文档。

2. 图像的移动

"移动工具" ►⊕ 是最常用的工具之一,无论是在文档中移动图层、选区内的图像,还是将其他文档中的图像拖入当前文档,都需要使用"移动工具"。"移动工具"属性栏如图 8-24 所示。

图 8-24　"移动工具"属性栏

- 自动选择：如果文档中包含多个图层或组,可勾选该复选框并在下拉列表框中选择要移动的内容,包括"组"及"图层"选项。
- 显示变换控件：勾选该复选框后,选择一个图层时,会在图层内容的周围显示定界框,就可以拖动控制点来对图像进行变换操作。
- 对齐图层：选择两个或两个以上的图层,可单击对齐图层 ▭▯▮ ▭▯▮ 中的相应按钮对齐所选图层。
- 分布图层：如果选择了三个或三个以上的图层,可单击分布图层 ▤▤▤ ▯▯▯ 中的相应按钮使所选图层按照一定的规则均匀分布。
- 3D 模式：用于对 3D 对象进行移动、旋转、滑动、拖动和缩小操作。

8.4.2　填充与描边

填充是指在图像或选区内填充颜色,描边是指为选区描绘轮廓。进行填充和描边操作时,可以使用"油漆桶工具" 🪣、"渐变工具" ▬、"填充"命令和"描边"命令。

1. 油漆桶工具

"油漆桶工具"可以根据图像的颜色容差填充颜色或图案。选择"油漆桶工具"后,单击处将以前景色填充。"油漆桶工具"属性栏如图 8-25 所示。

图 8-25　"油漆桶工具"属性栏

- 填充内容：单击"填充内容" 前景 右侧下拉按钮,可以在下拉列表中选择填充内容,包括"前景"和"图案"选项。

- 模式/不透明度：用来设置填充内容的混合模式和不透明度。
- 容差：用来定义必须填充的像素的颜色相似程度。低容差会填充颜色值范围内与单击点像素非常相似的像素，高容差则填充更大范围内的像素。
- 消除锯齿：勾选该复选框，可以平滑填充选区的边缘。
- 连续的：勾选该复选框，只填充与单击点相邻的像素；取消勾选时，可填充图像中所有相似的像素。
- 所有图层：勾选该复选框，表示基于所有可见图层中的合并颜色数据填充像素；取消勾选，则仅填充当前图层。

2. 渐变工具

"渐变工具" ▨是一种特殊的填充工具，可以填充由多种渐变色组成的颜色。"渐变工具"属性栏如图 8-26 所示。

图 8-26 "渐变工具"属性栏

- 渐变颜色条："渐变颜色条" ▨▨显示了当前的渐变颜色，单击其右侧的下拉按钮，可以在打开的下拉面板中选择一个预设的渐变。如果直接单击渐变颜色条，则会弹出"渐变编辑器"对话框。
- 渐变类型：单击"线性渐变"按钮▨，可以创建以直线从起点到终点的渐变；单击"径向渐变"按钮▨，可以创建以圆形图案从起点到终点的渐变；单击"角度渐变"按钮▨，可以创建围绕起点以逆时针扫描方式的渐变；单击"对称渐变"按钮▨，可以创建使用均衡的线性渐变在起点的任意一侧渐变；单击"菱形渐变"按钮▨，以菱形方式从起点向外渐变，终点定义菱形的一个角。
- 模式：用来设置应用渐变时的混合模式。
- 不透明度：用来设置渐变效果的不透明度。
- 反向：可转换渐变中的颜色顺序，得到反方向的渐变结果。
- 仿色：勾选该复选框，可使渐变效果更加平滑，主要用于防止打印时出现条带化现象，但在屏幕上并不能明显体现出作用。
- 透明区域：勾选该复选框，可以创建包含透明像素的渐变；取消勾选，则创建实色渐变。

"渐变编辑器"对话框（图 8-27）主要用来创建、编辑、管理、删除渐变。

- 预设：显示 Photoshop CS6 提供的基本预设渐变方式。单击图标后，可以设置该样式的渐变，还可以单击其右侧的 ▨ 按钮，在弹出的快捷菜单中选择其他渐变样式。
- 名称：在"名称"文本框中可以显示选定的渐变名称，也可以输入新建的渐变名称。
- 渐变类型/平滑度：单击"渐变类型"下拉按钮，可选择显示为单色形态的"实底"和显示为多种色带形态的"杂色"两种类型。

图 8-27　"渐变编辑器"对话框

- 不透明度色标：用于调整渐变中应用的颜色的不透明度，默认值为 100。数值越小，渐变颜色越透明。
- 色标：用于调整渐变中应用的颜色或颜色的范围，可以通过拖动调整滑块更改色标的位置。双击色标滑块，弹出"选择色标颜色"对话框，选择需要的渐变颜色。
- 载入：可以在弹出的"载入"对话框中打开保存的渐变。
- 存储：通过"存储"对话框可保存新设置的渐变。
- 新建：在设置新的渐变样式后，单击"新建"按钮，可将该样式新建到预设框中。

3. "填充"命令

使用"填充"命令可以在当前图层或选区内填充颜色或图案，在填充时还可以设置不透明度和混合模式。文本图层和被隐藏的图层不能填充，执行"编辑"→"填充"命令或按 Shift+F5 组合键，打开"填充"对话框，如图 8-28 所示。

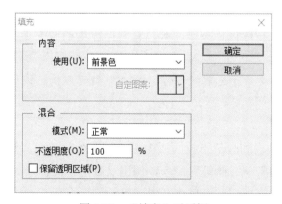

图 8-28　"填充"对话框

4. "描边" 命令

使用 "描边" 命令可以为选区描边，在描边时还可以设置混合方式和不透明度。创建选区后，执行 "编辑" → "描边" 命令，打开 "描边" 对话框，如图 8-29 所示。

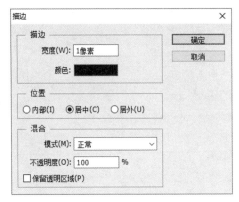

图 8-29 "描边" 对话框

8.4.3 图像绘画工具

画笔、铅笔、颜色替换等工具是 Photoshop CS6 提供的绘画工具，它们可以绘制和修改像素。下面介绍这些工具的使用方法。

1. 画笔工具

"画笔工具" 是用于涂抹颜色的工具。画笔的笔触形态、尺寸及材质都可以随意调整。"画笔工具" 属性栏如图 8-30 所示。

图 8-30 "画笔工具" 属性栏

- 画笔下拉面板：在画笔下拉面板中可以选择笔尖、设置画笔的尺寸和硬度。
- 模式：可以选择画笔笔迹颜色与下面像素的混合模式。
- 不透明度：用来设置画笔的不透明度，该值越低，线条的透明度越高。
- 流量：用来设置当光标移动到某个区域上方时应用颜色的速率。在某个区域上方涂抹时，如果一直按住鼠标按键，颜色将根据流动的速率增大，直至达到不透明度设置。

操作点拨：当画笔工具处于选取状态时，按 "[" 键可以快速缩小画笔尺寸，按 "]" 键可以快速增大画笔尺寸。

2. "画笔" 面板

画笔除了可以在选项栏和画笔下拉面板中进行设置外，还可以通过 "画笔" 面板进行更丰富的设置。执行 "窗口" → "画笔" 命令，调出 "画笔" 面板，如图 8-31 所示。

- 画笔预设：单击该按钮，可以打开 "画笔预设" 面板。
- 画笔设置：单击这些画笔设置选项，可以切换到与该选项对应的内容。

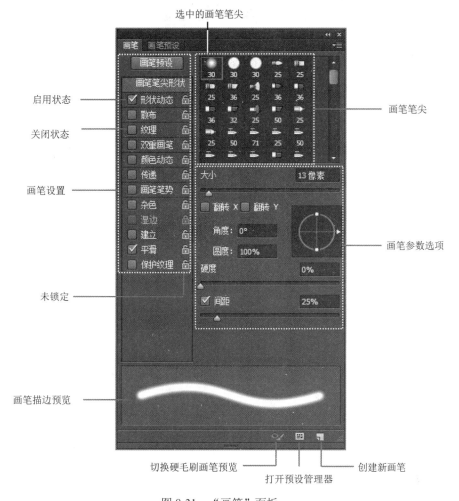

图 8-31   "画笔"面板

- 启用/关闭状态：处于选中状态的选项代表启用状态；处于未选中状态的选项代表关闭状态。
- 锁定/未锁定：锁定或未锁定画笔笔尖形状。
- 选中的画笔笔尖：当前选择的画笔笔尖。
- 画笔笔尖：显示了 Photoshop CS6 提供的预设画笔笔尖。
- 画笔参数选项：用来调整画笔参数。
- 画笔描边预览：选择一个画笔后，可以在预览框中预览该画笔的外观形状。
- 切换硬毛刷画笔预览：使用毛刷笔尖时，在画布中实时显示笔尖的样式。
- 打开预设管理器：打开"预设管理器"对话框。
- 创建新画笔：将当前设置的画笔保存为一个新的预设画笔。

3. 铅笔工具

"铅笔工具" ✏️用来绘制线条，但是它只能绘制硬边线条，其操作和设置方法与"画笔工具" 🖌️的几乎相同。"铅笔工具"属性栏与"画笔工具"属性栏基本相同，只是多了"自动涂抹"复选项，如图 8-32 所示。

图 8-32　"铅笔工具"的属性栏

4. 颜色替换工具

"颜色替换工具" 是用设置好的前景色替换图像中的颜色。"颜色替换工具"属性栏如图 8-33 所示。

图 8-33　"颜色替换工具"属性栏

- 模式：包括"色相""饱和度""颜色""明度"四种模式。常用的模式为"颜色"模式，这也是默认模式。
- 取样：取样方式包括"连续" 、"一次" 、"背景色板" 。其中，"连续"是以鼠标当前位置的颜色为颜色基准；"一次"是始终以开始涂抹时的基准颜色为颜色基准；"背景色板"是以背景色为颜色基准进行替换。
- 限制：设置替换颜色的方式，以工具涂抹时的第一次接触颜色为基准色。"限制"包括三个选项，分别为"连续""不连续""查找边缘"。其中，"连续"是以涂抹过程中鼠标当前所在位置的颜色作为基准颜色来选择替换颜色的范围；"不连续"是指凡是鼠标移动到的地方都会被替换颜色；"查找边缘"主要是将色彩区域之间的边缘部分替换颜色。
- 容差：用来设置颜色替换的容差范围。数值越大，替换的颜色范围越大。
- 消除锯齿：勾选该复选框，可以为矫正的区域定义平滑的边缘，从而消除锯齿。

8.4.4　图像修复工具

使用图像修复工具可以对数码照片进行后期处理，以弥补在拍摄时由技术或其他原因导致的效果缺陷。

1. 仿图章工具

"仿图章工具" 可以将指定的图像区域像盖章一样复制到另一个区域。"仿图章工具"的应用效果如图 8-34 所示。

图 8-34　"仿图章工具"的应用效果

"仿图章工具"属性栏如图 8-35 所示。

图 8-35　"仿图章工具"属性栏

- 对齐：勾选该复选框，可以连续对对象进行取样；取消勾选，则每单击一次鼠标，都使用初始取样点中的样本像素。
- 样本：在"样本"列表框中，可以选择取样的目标范围，包括"当前图层""当前和下方图层""所有图层"选项。

2. 图案图章工具

"图案图章工具" ![icon] 可以将特定区域指定为图案纹理，并可以通过拖动鼠标填充图案，因此该工具常用于制作背景图片。"图案图章工具"属性栏如图 8-36 所示。

图 8-36　"图案图章工具"属性栏

- 对齐：勾选该复选框，可以保持图案与原始图案的连续性，即使多次单击也不例外；取消勾选时，则每次单击都重新应用图案。
- 印象派效果：勾选该复选框，则对绘画选取的图像产生模糊、朦胧化的印象派效果。

8.4.5　图像的变换

缩放、旋转、扭曲等操作是图像变换的基本操作。

1. 缩放对象

执行"编辑"→"变换"→"缩放"命令，显示定界框，将光标放置在定界框四周的控制点上，当光标变成 ↕ 形状时，单击并拖动鼠标可缩放对象。

2. 旋转对象

执行"编辑"→"变换"→"旋转"命令，显示定界框，将光标放置在定界框外，当光标变成 ↰ 形状时，单击并拖动鼠标即可旋转对象。操作完成后，在定界框内双击确认。

3. 扭曲对象

执行"编辑"→"变换"→"扭曲"命令，显示定界框，将光标放置在定界框周围的控制点，当光标变成 ▷ 形状时，单击并拖动鼠标即可扭曲对象。

8.5　图层

图层是 Photoshop CS6 中最重要的功能之一，也是处理图像重要手段。Photoshop CS6 中的图层可以理解为一张透明的纸，没有绘制内容的区域是透明的，透过透明区域可看到其下方的内容，这样按照顺序叠放起来的透明纸，就像 Photoshop CS6 中的多个图层，每个图层的内容叠加起来就构成了完整的图像。

图层理论模型如图 8-37 所示。

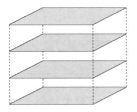

图 8-37　图层理论模型

Photoshop CS6 中的图像通常由多个图层组成，图层之间具有相对独立性。图层原理如图
8-38 所示。

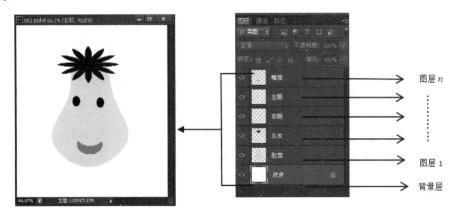

图 8-38　图层原理

很多软件都有图层的功能，但无论是哪种软件中的图层，几乎都有相同的三种特性：透明性、独立性、层次性。

- 透明性：通过上方图层的透明区域查看下方图层中是否有重叠的内容。
- 独立性：默认情况下，所有操作只能对当前图层中的对象进行，不会影响其他层的对象。
- 层次性：图层与图层之间存在叠放次序及遮挡的关系，如图 8-39 所示。

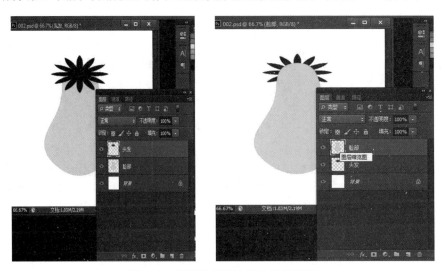

图 8-39　图层的叠放次序及遮挡关系

8.5.1　图层面板

"图层"面板用来创建、编辑和管理图层，以及为图层添加样式、设置图层的不透明度和混合模式。选择"窗口"→"图层"菜单命令，打开"图层"面板如图 8-40 所示。

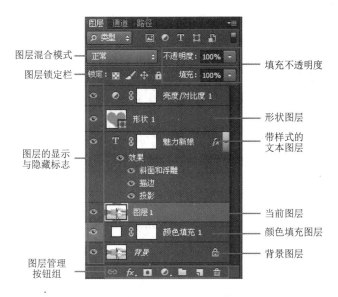

图 8-40　"图层"面板

8.5.2　图层的种类

根据图层的不同特点，可以将图层分为以下七类。

1．背景图层

在 Photoshop CS6 中，一个图像文件只有一个背景图层，位于图像最下方，处于锁定状态。无法设置背景图层"混合模式""锁定""不透明度""填充"等属性，无法使用"移动"工具移动背景图层中的对象，同时无法调整背景图层与其他图层的叠放次序，但背景图层可以与普通图层进行相互转换。

背景层转换为普通层：选定背景层，执行"图层"→"新建"→"背景图层"命令，或在图层面板双击背景层，弹出"新建图层"对话框，如图 8-41 所示，即可将背景层转换为普通图层。

图 8-41　"新建图层"对话框

2．普通图层

普通图层相当于一张完全透明的纸，是 Photoshop CS6 中最基本的图层类型。

若要将普通层转换为背景层，可先选中需转换的图层，再执行"图层"→"新建"→"背景图层"命令，如图 8-42 所示。

图 8-42　将普通层转换为背景层

3. 文本图层

文本图层是用来处理和编辑文本内容的图层。使用文本工具在图像上输入文字会自动生成文本图层，其缩略图标为 T。

4. 形状图层

使用工具箱中的矢量图形工具在文件中创建图形后，"图层"面板会自动生成形状图层。

5. 填充/调整图层

填充/调整图层是用来控制图像颜色、色调、亮度及饱和度等的辅助图层。单击"图层"面板底部的 ● 按钮，在弹出的菜单中选择任意一个命令，即可创建填充或调整图层。

6. 效果图层

对图层应用图层效果后，右侧会出现一个"效果层"图标 fx，该图层就是效果图层。

7. 蒙版图层

蒙版图层可以显示或隐藏图层的不同区域。其中，该图层中与蒙版的白色部分对应的图像不产生透明效果，与蒙版的黑色部分对应的图像完全透明。

8.5.3　图层的基本操作

认识图层后，还需要掌握创建图层和调整图层的具体操作方法。

1. 选定图层

在 Photoshop CS6 中打开的图像都是以图层的形式存在的，用户在使用 Photoshop CS6 中进行操作之前，先要选定图层，然后才能对该图层进行操作，选定图层的方法如下：

（1）选定单个图层：在"图层"面板上单击选定所需图层。

（2）选择不连续的多个图层，借助 Ctrl 键单击要选定的多个图层。

（3）选择连续的多个图层，借助 Shift 键单击选定多个连续图层的首尾图层即可。

2. 新建图层

新建图层就是创建一个新图层，当图像文档的现有图层不够用时，可以新建图层。新建新图层的常用方法有以下五种。

方法 1：单击"图层"面板中的"创建新图层"按钮 ▣ 。

方法 2：选择"图层"→"新建"→"图层"菜单命令创建，如图 8-43 所示。

图 8-43　新建图层

方法 3：单击"图层"面板右上角的██按钮，在弹出的快捷菜单中选择"新建图层"命令。

方法 4：选择"图层"→"新建"→"通过拷贝的图层"菜单命令创建。

方法 5：选择"图层"→"新建"→"通过剪切的图层"菜单命令创建。

3．重命名图层

编辑图像的各图层时，为了更清晰地操作图层，可以修改图层名称，直接在图层面板上双击目标图层的名称位置即可进行重命名操作。

4．调整图层顺序

调整图层顺序的方法有以下两种。

方法 1：选择"图层"→"排列"菜单命令，根据要求选择相应的命令，从而调整图层的相对顺序，如图 8-44 所示。

图 8-44　调整图层排序

方法 2：在"图层"面板用鼠标上下拖动图层来调整图层顺序。

5．复制/删除图层

复制/删除图层的方法有以下三种。

方法 1：选中图层，选择"图层"→"复制图层"/"删除"菜单命令。

方法 2：在"图层"面板的图层上右击，在弹出的快捷菜单中选择"复制图层"/"删除图层"命令。

方法 3：单击"图层"面板右上角的██按钮，在弹出的菜单中选择"复制图层"/"删除图层"命令。

6．显示/隐藏图层

图层缩略图左侧的"眼睛"图标控制着图层的可见性，在眼睛图标上单击可设置图层内容的可见性。"眼睛"显示时，图层内容在图像中可见；否则图层内容隐藏。

7．合并图层

一幅图像往往由多个图层组成。图层越多，文件就越大。为缩减文件大小，可以合并图层。图层的合并是指将两个或两个以上的图层合并为一个图层，合并的方式有以下三种。

（1）合并图层。所有被选图层合并成一个图层。

（2）合并可见图层。合并图层中的所有可见图层，保留不可见图层

（3）拼合图层。将当前图像中的所有图层强行合并为一个图层。在执行"拼合图层"命令后，把当前图像中的所有可见图层拼合到背景图层上，同时扔掉隐藏层的图像信息。

操作点拨：拼合图层操作可以缩小文件大小，方法是将所有可见图层合并到背景图层中并扔掉隐藏的图层。执行"拼合图层"命令，将用白色填充其余的任何透明区域。存储拼合图像后，图像将不能恢复到未拼合时的状态。

在执行"拼合图层"命令时，Photoshop CS6 会弹出警告对话框，询问用户"要扔掉隐藏的图层吗？"，如图 8-45（a）所示。单击"确定"按钮后，将所有可见图层拼合到背景图层上，并扔掉隐藏的图层，此时的"图层"面板如图 8-45（b）所示。

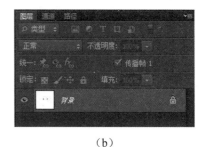

（a）　　　　　　　　　　　　　　　　（b）

图 8-45　"拼合图层"命令的应用示例

8．对齐分布图层

单击"对齐"按钮可将两个及两个以上图层按照相应的对齐方式对齐；单击"分布"按钮可将三个及以上图层均匀分布，如图 8-46 所示。

图 8-46　对齐分布按钮

9．图层组

为了便于管理和查找图层，Photoshop CS6 把相似或关系紧密的图层归在一起，使其成为一组，称为图层组。

操作点拨：一个画布中可以不建立图层组，也可以建立一个或多个图层组，每个图层组中还可以嵌套子组。对图层组的操作往往会影响组中各图层的操作。

（1）创建图层组。在 Photoshop CS6 中创建图层组有如下三种方法：

方法 1：执行"图层"→"新建"→"组"菜单命令。

方法 2：在"图层"面板中单击"创建新组"按钮。

方法 3：执行"图层"→"新建"→"从图层建立组"菜单命令。

（2）管理图层组。对图层组的管理主要包括图层组的重命名、展开和折叠、移动组、复制组、删除组、取消图层编组等操作。

8.5.4　图层样式

处理图像时，Photoshop CS6 可以使用图层样式轻松制作各种特殊效果，如阴影、发光、斜面浮雕、描边等，并且图层样式的操作基本相似，只要掌握了基本的方法就可以举一反三，实现其他效果。下面介绍一些常用的图层样式。

通过"图层样式"对话框可以为图层添加一种或多种样式，来制作投影、外发光、内发光和浮雕等效果。

在 Photoshop CS6 中打开"图层样式"对话框的方法如下：

1）在"图层面板"中双击图层。

2）在"图层面板"中单击图层面板下方的 *fx* 图标。

3）选择"图层"→"图层样式"菜单命令。

在打开的对话框或列表中设置图层样式，如图 8-47 所示。

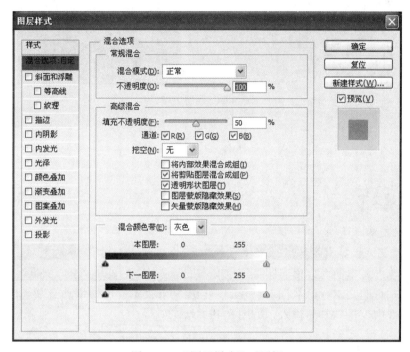

图 8-47　"图层样式"对话框

"样式"列表中各样式的作用如下：

- 投影、内阴影：用于模拟物体被光线照射后产生的阴影效果，主要用来增强图像的立体感，投影样式生成的效果是沿图像边缘向外扩展，而内阴影样式是沿图像边缘向内产生投影。
- 内发光、外发光：给图像沿外侧或内侧边缘设置发光效果。
- 斜面和浮雕：用于增加图像边缘的暗调及高光，使其模拟出浮雕的效果，是图层样式中最复杂的，包括内斜面、外斜面、浮雕、枕形浮雕和描边浮雕。
- 光泽：可以在图像内部产生游离的发光效果。
- 颜色叠加、渐变叠加、图案叠加：向图层中填充颜色、渐变和图案。
- 描边：可以沿图像边缘填充颜色。

8.5.5　图层蒙版特效

图层蒙版是位图图像，与分辨率有关，它是由绘图或选框工具创建的，用来显示或隐藏图层中某部分图像，如图 8-48 所示。利用图层蒙版也可以保护图层透明区域不被编辑。

 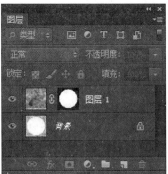

图 8-48　图层蒙版

8.6　文本

8.6.1　创建文本

1. 创建点文本

选择"横排文字工具" `T 横排文字工具     T` 或"直排文字工具" `↓T 直排文字工具     T` 后，在图像中需要输入文本的地方单击即可定位文本的插入点，随即输入的文本即点文本。点文本是一个水平或垂直的文本行，从插入点开始，长度随着文本的编辑增加或减小，但不会换行，一般适用于图像中少量文本的输入，如图 8-49 所示。

图 8-49　输入点文本

操作点拨：若要放弃文本的输入，可在工具属性栏中单击"取消当前编辑"按钮 ⃠ ，或按 Esc 键，退出文本编辑状态。若要结束文本的输入，可在工具属性栏中单击"提交所有当前编辑"按钮 ✓ 或按 Ctrl+Enter 组合键。

使用文字工具输入的文本，系统会自动产生新的文字图层，若在用户已经创建的新图层中使用文字工具，则系统会将普通图层修改为文字图层。

2. 创建段落文本

创建段落文本是指在一个定界框中创建文本，通常适用于编辑内容较多的信息。输入段落文本时，同样选择"横排文字工具"或"直排文字工具"，在图像中拖动鼠标画出一个矩形范围，即文本定界框（图 8-50）。在定界框中输入的段落文本被限制在该范围内，随着文本的编辑会自动换行，生成段落文本。

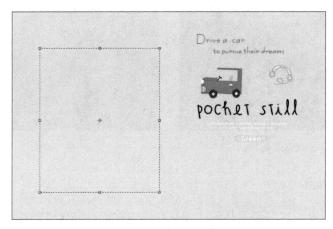

图 8-50　文本定界框

输入段落文本时，若绘制的定界框不能显示全部内容，则可以编辑定界框的控制点来调整大小、角度等，如图 8-51 所示。

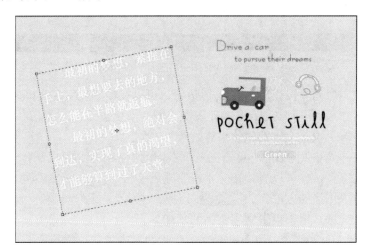

图 8-51　编辑定界框的控制点

3. 创建文本选区

Photoshop CS6 提供了文字蒙版工具，可以帮助用户创建文字形状的选区，创建方法如下：选择"横排文字蒙版"或"直排文字蒙版"，在图像中单击定位插入点后直接输入文本，然后在工具属性栏中单击 ✓ 按钮，或按 Ctrl+Enter 组合键结束文本选区的创建，如图 8-52 所示。创建好的文字选区与普通选区相同，可以进行移动、复制、填充、描边等操作。图 8-53 中使用渐变工具对文本选区"Coffee Time"使用"渐变工具"进行填充。

图 8-52　创建文字选区

图 8-53　使用"渐变工具"填充文字选区

8.6.2　设置文本格式

输入文本后，可以通过文字工具的属性栏对选中的文本进行格式修改以及变形等操作，还可以通过字符面板和段落面板对文本进行字符和段落上的属性设置，下面进行详细介绍。

1. 工具属性栏

选择相应的文字工具单击文本后，显示相应的工具属性栏，文字工具组中各种工具的属性栏基本类似，操作方法也基本类似。图 8-54 所示为"横排文字工具"属性栏。

| T ▼ | ⊥T | Blackadder ITC ▼ | Regular ▼ | ⊥T | 200 点 ▼ | aa | 锐利 ‡ | ▤ ▤ ▤ | ▢ | ⬈ | ▤ | | ⊘ ✓ |

图 8-54　"横排文字工具"属性栏

- "切换文本取向"按钮 ⊥T：单击该按钮，可以在横排文字和直排文字间进行切换。
- "设置字体系列"列表框：单击列表框右侧的下拉按钮，在弹出的下拉菜单中选择所需的字体即可设置文本的字体格式。
- "设置字体大小"列表框：单击列表框右侧的下拉按钮，可以从弹出的下拉菜单中选择字体的字号，也可以直接在文本框中输入字号，按 Enter 键即可。
- "设置消除锯齿的方法"按钮 锐利 ‡：该按钮中包含"无""锐利""犀利""浑厚""平滑"四个选项，用于设置文字锯齿的功能。
- "对齐"按钮 ▤ ▤ ▤：用于设置文本段落的对齐方式，横排文本段落中的对齐方式为左对齐、居中对齐和右对齐，直排文本段落中的对齐方式为顶对齐、垂直居中对齐和底对齐。
- "设置文本颜色"按钮 ▢：用于设置文本的颜色，单击该按钮，从打开的"拾色器"对话框中选取相应的文本颜色即可，也可以将鼠标指向图像中的某个色块吸取颜色。
- "创建文字变形"按钮 ⬈：选择文本，单击该按钮，可以在打开的"变形文字"对话框中设置文字变形。
- "切换字符和段落面板"按钮 ▤：单击该按钮可以显示或隐藏"字符"面板和"段落"面板，对文本进行更进一步的设置。

2. "字符"面板

通过文本工具的属性栏可以对文本进行字体、字形和字号等部分格式的设置，若要进行更详细的设置，则可以执行"窗口"→"字符"菜单命令，打开"字符"面板进行设置，如图8-55 所示。

图 8-55　"字符"面板

下面介绍"字符"面板中的其他按钮。

- T T TT Tr T¹ T₁ T 按钮组：分别用于对文本进行加粗、倾斜、全部大写等操作。
- 下拉列表：用于设置段落文本的行间距，单击下拉列表按钮，可以在打开的列表中选择行间距。
- 数值框：设置两个字符间的微调。
- 、 数值框：设置文本的垂直、水平缩放效果。

3. "段落"面板

对段落文本的设置，除了在文本工具栏设置基本属性外，还可以通过"段落"面板进行更详细的设置。执行"窗口"→"段落"菜单命令，打开"段落"面板，如图8-56 所示。

图 8-56　"段落"面板

下面介绍"段落"面板中的其他按钮。

- 按钮组：用于设置段落的左对齐、居中对齐、右对齐、最后一行左对齐、最后一行居中对齐、最后一行右对齐、全部对齐。
- "左缩进"文本框：用于设置所选段落文本左边缩进的距离。
- "右缩进"文本框：用于设置所选段落文本右边缩进的距离。

- “首行缩进”文本框：用于设置所选段落文本首行缩进的距离。
- “段前添加空格”文本框：用于设置插入光标所在段落与前一段落间的距离。
- “段后添加空格”文本框：用于设置插入光标所在段落与后一段落间的距离。

8.6.3 设置文本变形

有时为了适应图像的整体风格，需要对文本进行变形处理。当对文本进行变形时，选择文字工具后，单击工具属性栏上的“创建文字变形”按钮，打开“变形文字”对话框，如图 8-57 所示。通过该对话框可以将选择的文字变成各种变形形状，从而改变文字的表达效果。“样式”下拉列表框用来设置文字的样式，选好一种文字样式后，即可激活对话框中的其他选项，如图 8-58 所示。

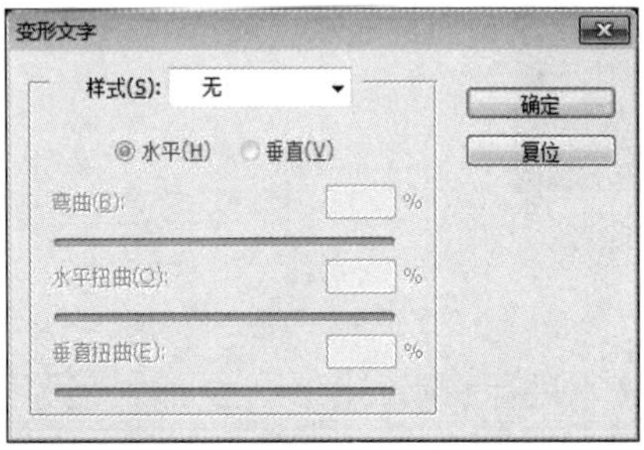

图 8-57 “变形文字”对话框

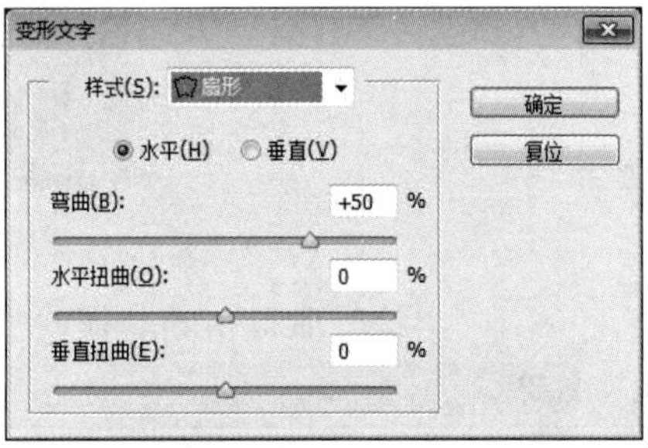

图 8-58 激活其他选项

下面介绍对话框中的其他选项。

- “水平”或“垂直”单选按钮：用于设置文本是沿水平方向或沿垂直方向变形。
- “弯曲”数值框：用于设置文本的弯曲程度，设置弯曲的数值范围为-50～50。
- “水平扭曲”数值框：用于设置文本在水平方向上的扭曲程度。设置水平扭曲的数值范围为-50～50。
- “垂直扭曲”数值框：用于设置文本在垂直方向上的扭曲程度。设置垂直扭曲的数值范围为-30～30。

8.7 切片工具

在网页中，经常会显示一些较大的图像，比如页面上的背景图像，如果直接将 Photoshop CS6 制作出来的效果图插入网页，会影响浏览器的加载时间。当用户网速较慢时，甚至导致网页无法预览。因此，Photoshop CS6 提供的切片工具可以把图像分割成若干小图像，这些小图像作为单独的文件保存，还可以优化保存为 Web 所用的格式。这样在浏览器在加载图像时，就允许一个一个地加载图像的切片，直到整个图像出现在屏幕上，从而有效地加快网页的处理速度。

8.7.1 创建和编辑切片

1. 创建切片

用户可以使用“切片工具”创建切片，把一张图片划分为不同的区域，而 Photoshop CS6

可以自动划分切片，也可以手动划分切片。下面先介绍通过参考线自动创建切片的方法。

（1）打开要分割的图片，显示标尺，按住鼠标左键，分别从水平标尺和垂直标尺中向图像中拖出多条参考线，如图 8-59 所示。

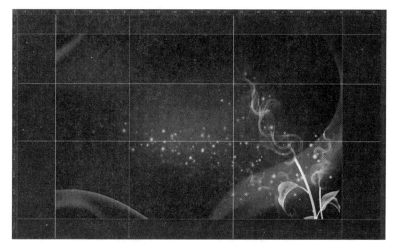

图 8-59　图像参考线

（2）选择工具箱中的"切片工具" ✎，单击工具属性栏中的"基于参考线的切片"按钮 [基于参考线的切片]，图像自动按照参考线分割出来的图像进行切片处理，如图 8-60 所示。

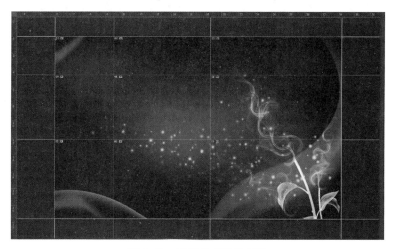

图 8-60　基于参考线的切片

在 Photoshop CS6 中除了使用参考线自动创建切片外，还经常会根据实际情况创建一些不规则的切片，此时就需要手动创建切片。下面介绍手动创建切片的具体操作。

（1）打开图像，在工具箱中选择"切片工具" ✎，然后在图像上单击并按住鼠标左键拖动，绘制长方形的切片选区，切片选区的左上角名称默认为"02"，如图 8-61 所示。

（2）使用相同方法，在图像窗口的其他位置绘制不同的切片选区，整个图像被划分为 7 个切片，如图 8-62 所示。

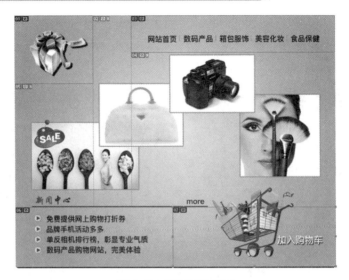

图 8-61　绘制切片选区

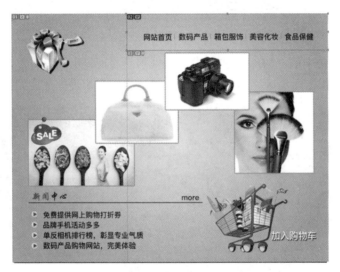

图 8-62　整个图像切片

　　用户在创建切片时，绘制的切片区域显示为蓝色，同时系统会根据用户创建的切片自动生成一些切片，这些切片即为自动切片，显示为灰色。

　　2. 编辑切片

　　为图像创建好切片后，可以在 Photoshop CS6 中对切片进行放大、缩小、移动或删除操作，通过工具箱中的"切片选择工具" ，单击选定切片来编辑相关切片选区。

- 放大、缩小切片选区：可以拖动该切片选区边框或四个角的控制点。
- 移动切片选区：可以拖动鼠标或键盘上的方向键。
- 删除切片选区：可以使用键盘上的 Delete 键或 Backspace 键。

8.7.2　图像的优化与切片的输出

　　为了不让网页中过大的图像影响网页的速度，可以在存储网页图像之前先优化图像，再进行切片发布。这样既能调整图像的显示品质和文件大小，又能输出为各种格式的文件。

1. 图像的优化

图像优化是微调图像显示品质和大小的过程，以便 Web 和其他媒体访问，一般将图像优化为 GIF、JPEG、PNG 三种格式。除此之外，Photoshop CS6 在存储网页图像前对切片进行优化，可以将用户设置好切片的图像发布为网页文件的格式，这些都需要在"存储为 Web 所用格式"对话框中设置，如图 8-63 所示。

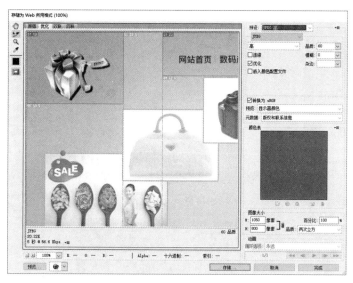

图 8-63　"存储为 Web 所用格式"对话框

选择"文件"→"存储为 Web 所用格式…"菜单命令，打开"存储为 Web 所用格式"对话框，可以使用"抓手工具" 在预览窗口中拖动鼠标来移动图像，查看图像的所有区域；也可以使用"切片选择工具" 在预览窗口中选择不同的切片，单独设置该切片；在"原稿"选项卡的"预设"下拉列表框中选择相应的切片输出格式，其余选项保持默认设置，如图 8-64 所示。

图 8-64　设置切片格式

在"优化"选项卡的左下角可以看到图像经过处理后的效果，包括文件格式、大小以及在网页中的下载速度等参数。

2. 切片的输出

设置完"存储为 Web 所用格式"对话框中的属性后，单击"存储"按钮 <u>　存储　</u>，打开"将优化结果存储为"对话框，如图 8-65 所示。

图 8-65 "将优化结果存储为"对话框

在"保存在"下拉列表框中选择文件的存储位置，在"格式"下拉列表框中选择文件的保存类型，在"文件名"文本框中输入文件名，在"切片"下拉列表框中选择要保存的切片对象，最后单击"保存"按钮，就可以将划分好的切片区域输出为很多小图像，如图 8-66 所示。

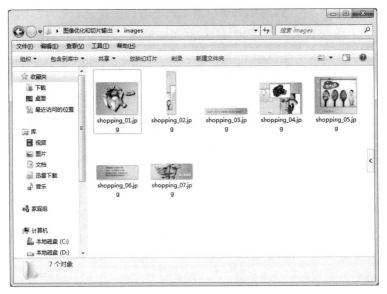

图 8-66 切片的输出效果

8.8　课堂案例——设计制作"读书网"网站页面

当用户访问网站时，好的网页设计能对用户对网站的第一印象产生积极的影响，能够帮助网站留住潜在客户，达到好的宣传作用。本节我们将综合练习本章学习到的知识点，熟悉 Photoshop CS6 素材制作及应用。

1．练习目标

通过本练习的制作，掌握"渐变工具""钢笔工具""选择工具"等的使用方法。案例制作完成的最终效果如图 8-67 所示。

图 8-67　案例制作完成的最终效果

2．操作思路

（1）新建文件。执行"文件"→"新建"菜单命令，创建一个宽度为 950 像素、高度为 1140 像素的新文件，如图 8-68 所示。

（2）主导航栏底图的制作。切换到"路径"面板，新建"路径 1"，使用"钢笔工具"绘制图 8-69 所示的闭合路径。

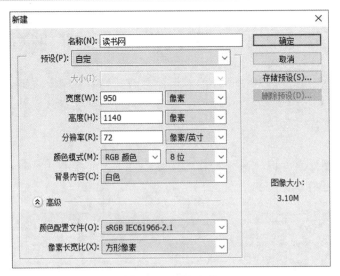

图 8-68　新建文件

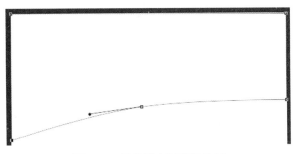

图 8-69　导航栏底图路径绘制

（3）新建图层并修改图层名称为"深色底图"。修改前景色为 af36c1，"路径"面板中选择"路径 1"，单击路径面板下方的"用前景色填充路径"命令，在图层中填充前景色，完成效果如图 8-70 所示。

图 8-70　路径填充前景色完成效果

（4）路径面板，新建"路径 2"，使用钢笔工具绘制一条比路径 1 左侧稍窄一点的闭合路径。

（5）新建图层并修改图层名称为"浅色底图"。使用"渐变工具"修改渐变色，如图 8-71 所示。

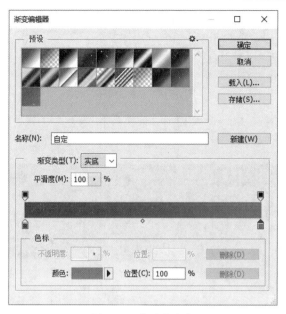

图 8-71　修改渐变色

（6）在"路径"面板中选择"路径 2"，单击"路径"面板下方的"将路径作为选区载入"命令，在"浅色底图"图层中使用线性渐变填充渐变色，效果如图 8-72 所示。

图 8-72　渐变色填充后效果

（7）制作导航按钮。选择"圆角矩形工具"，绘制图 8-73 所示的圆角矩形，并为圆角矩形添加图层样式中的"投影"。

图 8-73　绘制圆角矩形

（8）选择"直线工具"，绘制图 8-74 所示的分割线，并为分割线添加图层样式中的"斜面和浮雕"效果。使用"横排文字工具"录入导航按钮上的文字内容。

图 8-74　绘制分割线

（9）使用"横排文字工具"录入文字"读书"和文字"好书是来自伟大心灵的血脉 让我们的精神血脉得以延续更生"，并插入素材图片"书"，效果如图 8-75 所示。

图 8-75　导航栏整体效果

（10）搜索框的制作。使用"矩形工具""椭圆工具"和"直线工具"分别绘制搜索框的矩形边线、圆形镜片和直线形把手。使用"横排文字工具"录入文字"搜索海量图书"，效果如图 8-76 所示。

图 8-76　搜索框效果

（11）"图书分类"导航栏的制作。使用"圆角矩形工具""直线工具"和"矩形工具"分别绘制图书分类栏的圆角形边线、分割线和方形项目符号。使用"横排文字工具"录入书籍名称，效果如图 8-77 所示。

图 8-77　"图书分类"栏目效果

（12）"好书推荐"栏目的制作。使用"矩形工具"绘制图书阴影；使用"横排文字工具"录入栏目名称"好书推荐"。"好书推荐"栏目效果如图 8-78 所示。

图 8-78　"好书推荐"栏目效果

（13）页脚的制作。使用"直线工具"绘制直线形状分割线；使用"横排文字工具"录入栏目文字"读书如稼穑，勤耕致丰饶"。页脚效果如图 8-79 所示。

图 8-79　页脚效果图

（14）保存文件，输出网站整体效果图。

8.9　本章小结

本章学习了图像处理的基础知识，Photoshop CS6 的工作界面、基本操作、创建选区及选区的编辑等。其中创建选区是重点，熟练掌握各选区工具的应用范围，灵活恰当地运用选区工具是完成图像处理任务的基本操作。作图过程中，应根据实际需要，合理有效地使用工具。

8.10　课后习题

网站主页是用户了解产品或服务信息的主界面，为了留住用户，主页的设计可以用不同形式或手法来表现，但要通情达意、突出主题，并且与整个网站页面协调。在课后练习中，请结合自己的家乡的美食，设计制作食品网站，参考效果如图 8-80 所示。

图 8-80　食品网站参考效果

第 9 章　使用 Flash CS6 制作网页动态素材

学习要点：

➢　初识 Flash CS6

➢　Flash CS6 动画制作基础

➢　动画中的图层、帧

➢　补间动画

学习目标：

➢　熟悉 Flash CS6 动画制作原理

➢　理解动画中的图层、帧与元件的作用

➢　掌握动画制作的一般方法

导读：

　　动画制作分为二维动画与三维动画，Flash 动画属于二维动画。作为优秀二维动画制作工具，Flash 以其绚丽的效果、丰富的功能和强大的交互能力赢得了人们的普遍喜爱。动画，即会动的画面，网页中合理有效地运用动画技术，可为网页内容带来极大的视觉冲击力和精神感染力。

　　设计网页中动画作品时既要紧贴网站主题，又要大力弘扬社会主义核心价值观，阐释人与人、人与社会、人与自然和谐共生的关系，弘扬真善美，传播正能量。

　　习近平总书记在中央文艺工作座谈会上的讲话中，要求文艺工作者"除了要有好的专业素养之外，还要有高尚的人格修为，有'铁肩担道义'的社会责任感。""要虚心向人民学习、向生活学习，从人民的伟大实践和丰富多彩的生活中汲取营养"。在网站动画设计中，当设计者面对着政治、经济、文化、生态、社会等方面的热点问题和难题时，要严肃认真地思考自己的社会责任，勇敢地担当起自己的社会责任。要设计出优秀的网页动画，就要调查研究相关主题的历史、现状、存在的问题和发展的方向，深入社会，深入生活，了解社会生活的真实状况，了解人民群众的伟大实践。关在校园内教室里，局限于书本上课堂中，两耳不闻窗外事，闭门造车，脱离社会、脱离生活、脱离实践，是很难设计出优秀的动画作品的。

　　"奋斗是青春最亮丽的底色""民族复兴的使命要靠奋斗来实现，人生理想的风帆要靠奋斗来扬起"……在纪念五四运动 100 周年大会上，习近平总书记寄语新时代青年，要勇做走在时代前列的奋进者、开拓者、奉献者，毫不畏惧面对一切艰难险阻，在劈波斩浪中开拓前进，在披荆斩棘中开辟天地，在攻坚克难中创造业绩，用青春和汗水创造出让世界刮目相看的新奇迹！习近平总书记这番话，言谆谆、情切切、意深深，广大青年应该认真体悟、深入践行。

　　一代人有一代人的美好青春，一代人也有一代人的历史使命。现在，青春是用来奋斗的；将来，青春是用来回忆的。新时代青年要牢记习近平总书记的勉励和期许，积极拥抱新时代、奋进新时代，让青春在为祖国、为人民、为民族、为人类的奉献中焕发出更加绚丽的光彩。

9.1 动画制作基础

动画，顾名思义，是动着的画面。其实动画的定义是一组连续的画面，它的每幅画面都有一些非常细微的差别，但是连续播放起来使人们感觉到是一个连续的动作，这其实就是视觉暂留原理。当人的眼睛看到一个事物时，它会在人眼的视网膜上停留 1/10s，当前一个影像还没有完全消失之前，紧接着看到第二个影像，那么我们的大脑就会认为物体是动的。随着计算机图形技术的迅速发展，计算机在动画中的应用不断扩大。Flash 就是计算机中常用的二维动画制作软件。

9.1.1 Flash CS6 工作界面

正确安装 Flash CS6 后，可参照以下方法启动 Flash CS6。

方法 1：单击"开始"按钮，在弹出的菜单中选择"所有程序"→Adobe Flash Professional CS6 命令。如果桌面上有 Flash CS6 的快捷启动图标，可以直接双击该图标启动 Flash CS6。

方法 2：启动 Flash CS6 后，首先显示起始页，也称启动界面（图 9-1）。在该界面中可以选择创建模板，也可以选择学习 Flash CS6 的相关功能和作用。只有在创建好 Flash 动画文档后，才能进入工作界面。

单击"新建"列中的 ActionScript 3.0 或 ActionScript 2.0 即可新建 Flash 文档，并进入 Flash CS6 工作界面（ActionScript 是 Flash 自带的编程语言，它后面的数字是版本号，本书若无特别说明都是选择 ActionScript 3.0）。

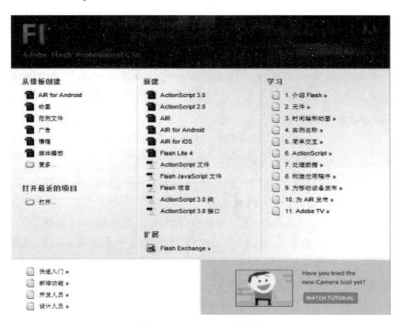

图 9-1 Flash CS6 起始页

Flash CS6 工作界面由菜单栏、面板组、工具箱、舞台、场景、时间轴、"属性"面板、库面板等组成，如图 9-2 所示。

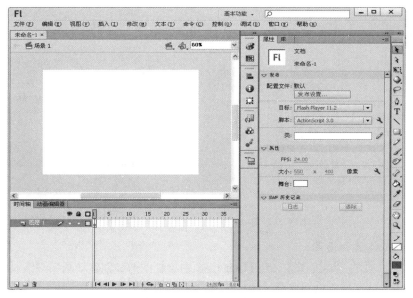

图 9-2   Flash CS6 工作界面

1. 菜单栏

Flash CS6 的菜单栏包括文件、编辑、视图、插入、修改、文本、命令、控制、调试、窗口和帮助选项卡。单击选项卡即可弹出相应的菜单，若菜单命令后面有·图标，表明其下还有子菜单。在制作 Flash 动画时，通过执行相应菜单中的命令，可实现特定的效果。

2. 工具箱

工具箱又称工具面板，主要用于放置绘图工具及编辑工具，位于工作界面的最右侧。默认情况下，工具栏呈单列显示。选择"窗口"→"工具"菜单命令或按 Ctrl+F2 组合键可打开或关闭工具箱。

3. "时间轴"面板

时间轴主要用于控制动画的播放顺序。其左侧为图层区，用于控制和管理动画中的图层；右侧为帧控制区，由播放指针、帧、时间轴标尺以及时间轴视图等部分组成，如图 9-3 所示。

图 9-3   "时间轴"面板

操作点拨：选择"窗口"→"时间轴"菜单命令或按 Ctrl+Alt+T 组合键可打开或关闭"时间轴"面板。

4. "属性"面板和"库"面板

"属性"面板中显示了选中内容的可编辑信息，调节其中的参数，可更改参数对应的属性，如图 9-4 所示。"库"面板显示了当前打开文件中存储和组织的媒体元素和元件，如图 9-5 所示。

图 9-4   "属性"面板

图 9-5   "库"面板

5. 舞台、工作区和场景

场景是编辑动画的主要工作区。在 Flash CS6 中绘制图形和创建动画都在该区域中进行。场景由两部分组成，分别是白色的舞台区域和灰色的场景工作区。动画播放时仅显示舞台上的内容，舞台之外的内容是不显示的。舞台和工作区共同组成一个场景。在 Flash 动画中，可以更换不同的场景，且每个场景有不同的名称，用户可以在整个场景内绘制和编辑图形。

9.1.2 Flash CS6 的基本操作

1. 新建 Flash 文档

新建空白 Flash 文档的方法主要有以下两种。

方法 1：启动 Flash CS6 时，在启动界面的"新建"设置区单击要创建的文档类型，通常单击 ActionScript 3.0 选项。

方法 2：进入 Flash CS6 工作界面后，选择"文件"→"新建"菜单命令，或者通过 Ctrl+N 组合键。在打开的对话框中选择要新建的文档类型（图 9-6），单击"确定"按钮，即可完成新建文档的操作。

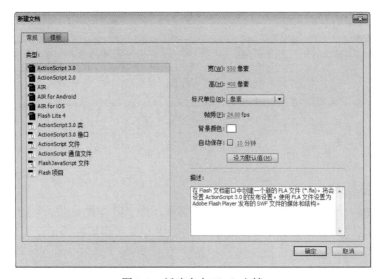

图 9-6   新建空白 Flash 文档

2．保存 Flash 文档

在编辑和制作完动画以后，需要将其保存。为此，可选择"文件"→"保存"菜单命令或按 Ctrl+S 组合键，在弹出的"另存为"对话框中选择文件保存的路径，输入文件名称，选择保存类型，然后单击"保存"按钮，保存文档。

3．打开 Flash 文档

要打开以前保存的文档进行再次编辑，可使用以下三种方法。

方法 1：启动 Flash 时，在开始页左侧的"打开最近的项目"列选择最近编辑过的文档。

方法 2：在工作界面中选择"文件"→"打开"菜单命令，或按 Ctrl+O 组合键，在打开的"打开"对话框中选择要打开的文档，然后单击"打开"按钮。

方法 3：直接在保存文档的文件夹中双击要打开的 Flash 文档。

4．预览动画

制作动画过程中，按下 Enter 键，可以测试动画在时间轴上的播放效果；反复按 Enter 键可以在暂停测试与继续测试之间切换。

若希望测试动画的实际播放效果，可选择"控制"→"测试影片"菜单命令，或按 Ctrl+Enter 组合键，在 Flash Player 中预览动画。

5．导出影片

动画制作完成之后，如果需要将文件导出，保存成一个*.swf 文件，可以选择"文件"→"导出"→"导出影片"菜单命令，在指定路径生成一个*.swf 文件。

9.1.3　动画制作原理

传统动画和影视都是通过连续播放一组静态画面实现的，每幅静态画面都是一个帧，Flash 动画也是如此。在时间轴的不同帧上放置不同的对象或设置统一对象的不同属性，例如位置、形状、大小、颜色、透明度等，当播放头在这些帧之间移动时，便形成了动画。

帧是动画中的最小单位。Flash CS6 默认的播放频率为 24 帧/秒。

9.1.4　Flash 动画的种类

Flash 动画制作方式基本分为两种，一种是逐帧动画，另一种是补间动画。使用逐帧动画可以制作一些真实的、专业的动画效果。使用补间动画的制作则可以轻松创建平滑过渡的动画效果。

1．逐帧动画

逐帧动画是动画中最基本的类型，制作原理是制作每个关键帧中的内容，然后连续播放形成动画。逐帧动画动作细腻，但制作过程烦琐、容量较大，适合表现一些细腻的动画，例如 3D 效果、面部表情、走路和转身等。图 9-7 所示为利用逐帧绘制方法制作出的人物走路的画面分解图。

2．补间动画

补间动画是把两个关键帧上的画面制作好，由 Flash 自动生成各中间帧上的画面，使得画面从一个关键帧逐渐过渡到另一个关键帧。逐帧动画制作简单、容量小，缺点是无法制作细腻的动画效果。

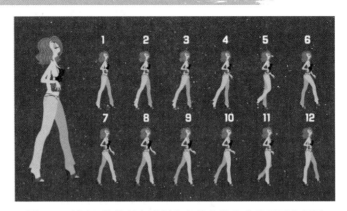

图 9-7　利用逐帧绘制方法制作出的人物走路的画面分解图

9.2　动画中的图层

在 Flash 的动画影片中，每个动画对象的出现时间、结束时间及动画轨迹都是不同的，因此我们在制作动画时，经常将不同的动画对象放置在不同的图层中，使操作简便、清晰。本节主要介绍 Flash 中的图层。

9.2.1　图层的概念

Flash 中的图层与 Photoshop 中的图层相同，都像是一张透明的纸，在每个图层上放置单独的动画对象，再将这些对象重叠，即可得到整个场景。但是 Flash 中的图层和 Photoshop 中的图层也有不同的地方，我们可以称 Photoshop 中的图层为静态实例层，每层的对象都是静止的，而称 Flash 中的图层为动态实例层，每层的对象都是可以设置动画，每个图层都有一个独立的时间轴，在编辑和修改某个图层的内容时，其他图层不会受到影响。

Flash CS6 的图层面板位于时间轴面板的左侧，其结构如图 9-8 所示。

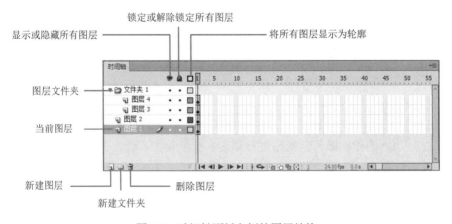

图 9-8　时间轴面板左侧的图层结构

9.2.2　图层的类型

Flash 动画中的图层按照用途和功能不同，可以分为普通层、传统运动引导层、遮罩层和被遮罩层四种，如图 9-9 所示。

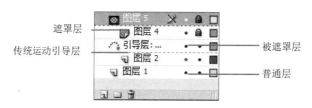

遮罩层
传统运动引导层
被遮罩层
普通层

图 9-9　图层的分类

- 普通层：用于放置 Flash 动画中的元素，如矢量图形、位图、元件、实例等，是 Flash 中最常见的图层。
- 传统运动引导层：用于为对象绘制运动轨迹，在传统运动引导层与普通层建立连接关系后，使普通层中的对象沿着传统运动引导层中的路径运动，动画播放时，传统运动引导层中的轨迹不会显示出来。
- 遮罩层：是 Flash 中的一种特殊图层，一般在遮罩层中绘制任意形状或创建动画，实现遮罩效果后可以设定形状内的部分为透明，形状外的部分则隐藏。
- 被遮罩层：将普通层设置为遮罩层后，该图层下方的图层自动变为被遮罩层，一般放置需要被遮罩层遮罩的图形或动画。

9.2.3　图层的基本操作

Flash 制作动画中，会把对象分散到不同的图层中，然后编辑每个图层，可以提高动画的制作效率。在制作过程中，往往会根据需要对图层进行新建、移动、重命名、删除和隐藏等操作。

1. 新建图层

制作动画的过程中，会根据不同的对象新建不同的图层。Flash CS6 提供了以下两种新建图层的方法。

方法 1：通过单击"时间轴"面板下方的"新建图层"按钮 🗅，如图 9-10 所示。

图 9-10　新建图层

方法 2：在已有图层上右击，在弹出的快捷菜单中选择"插入图层"命令。

2. 重命名图层

在 Flash CS6 中，图层的名称将默认按照"图层 1""图层 2""图层 3"的创建顺序依次命名，当动画中图层较多时，为了更方便地查找和编辑图层，可以将图层按照内容重命名，以提高制作效率。

重命名图层的方法如下：在时间轴面板的某个图层的名称处快速双击，使其进入编辑状态，然后输入新的图层名称，按 Enter 键即可完成重命名操作。

3. 删除图层

制作过程中，如果某个图层的内容不需要出现在场景中，则可以直接删除该图层。在 Flash CS6 中删除图层的方法有以下两种。

方法 1：选择要删除的图层后，单击"时间轴"面板上的"删除图层"按钮 ，删除图层。

方法 2：选择要删除的图层并右击，在弹出的快捷菜单中选择"删除图层"命令。

4. 调整图层顺序

Flash 中的图层与 Photoshop 中的图层相同，图层的顺序可以决定画面中的效果，当某个处于底层的对象需要移动到舞台前段时，最快捷的方法就是调整该对象所在的图层顺序。

调整图层顺序的方法如下：在"图层"面板选择要移动的图层，按住鼠标左键拖动到目标位置释放鼠标，即可完成图层顺序的调整。

5. 隐藏图层

Flash 中的动画都是由多个图层叠加在一起实现的，为了便于编辑和观察某个图层中的对象效果，可以将其他图层暂时隐藏起来。

隐藏图层的方法如下：在"图层"面板单击相应图层名称右侧与"显示或隐藏所有图层"按钮 一列对应的黑色圆点，使其变为 形状即可。

6. 锁定图层

编辑 Flash 动画的过程中，为了不影响其他图层，可以锁定某个图层。锁定图层后，可以有效地防止用户对图层中的对象进行误操作。

锁定图层的方法如下：单击相应图层名称右侧与"锁定或解除所有图层锁定"按钮 一列对应的黑色圆点，使其变为 形状即可。

9.3　动画中的帧

帧是组成 Flash 动画最基本的单位，通过在每帧的舞台上设置相应的动画元素，并对元素进行编辑，然后连续每帧的画面，就形成了动画。在 Flash 中每个图层都有自己的帧，"时间轴"面板中除了有用于显示帧的刻度及编号外，还有普通帧、关键帧和空白关键帧等不同类型的帧的标记，如图 9-11 所示。

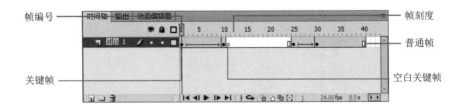

图 9-11　三种类型的帧

9.3.1　帧的种类及创建

帧的刻度、编号以及不同类型的帧都有各自的作用，下面分别进行介绍。

- 帧刻度：每个刻度代表一个帧。
- 帧编号：用于提示当前是第几帧，每 5 帧显示一个编号。
- 普通帧：具有延长前面关键帧中的内容的显示功能，是不起关键作用的帧，它在时间轴中以矩形小方块表示，用户不能直接编辑普通帧上的内容，只能通过编辑其前面的关键帧，或在普通帧上创建关键帧来进行编辑。在"时间轴"面板上要插入普通帧的位置右击，在弹出的快捷菜单中选择"插入帧"命令或按 F5 键即可插入一个普通帧。
- 关键帧：是指在动画播放过程中定义动画产生变化的关键环节的帧，它在时间轴中以实心圆点表示。制作 Flash 动画时，在不同的关键帧上绘制或编辑对象，便能形成动画。要创建关键帧，可在"时间轴"面板上要插入关键帧的位置右击，在弹出的快捷菜单中选择"插入关键帧"命令或按 F6 键即可添加关键帧。
- 空白关键帧：是指没有内容的关键帧，用于在舞台中暂时隐藏某个对象，它在时间轴中以空心圆表示。要创建空白关键帧，在"时间轴"面板上要插入空白关键帧的位置右击，在弹出的快捷菜单中选择"插入空白关键帧"或按 F7 键即可创建空白关键帧。

9.3.2　帧的基本操作

在 Flash 中除了编辑舞台上的对象外，想要动画真正动起来，就需要不断地对帧进行操作，灵活地操作帧可以节省制作动画的时间。下面分别介绍帧的一些基本操作。

1. 选择帧

在编辑帧之前，必须选择需要编辑的帧，在 Flash CS6 中选择帧的方法有以下三种。

（1）选择单个帧：在时间轴的某个帧上单击即可选中该帧。选中帧后，播放头会跳转到该帧，该帧上的所有对象都会被选中。

（2）选择多个帧：选择作为起点的帧，按住 Shift 键的同时单击作为终点的帧，可选中两帧之间的所有帧（包括不同图层上的帧）。

（3）选择多个不连续的帧：选择一帧后，按住 Ctrl 键，依次单击各帧，可同时选中多个不相连的帧。

2. 插入帧

在编辑动画的过程中，很多时候都需要在时间轴上插入新的帧。根据帧类型的不同，插入帧的方法也有所不同。下面介绍插入不同类型的帧的方法。

（1）用菜单命令插入帧：将鼠标定位在时间轴上需要插入帧的地方，选择"插入"→"时间轴"菜单命令，在弹出的子菜单中选择相应命令即可插入相应的帧。

（2）用快捷菜单插入帧：将鼠标定位在时间轴上需要插入帧的地方右击，在弹出的快捷菜单中选择需要插入的帧的类型即可。

（3）按快捷键插入帧：将鼠标定位在时间轴上需要插入帧的地方，按 F5 键可插入普通帧，按 F6 键可插入关键帧，按 F7 键可插入空白关键帧。

3. 移动和复制帧

在 Flash CS6 中移动帧后，源帧上的对象都会被移动到目标帧上，且源帧所在位置会变为空白帧；复制帧后，源帧上的所有对象都会被复制到目标帧上，且源帧保持不变。下面是移动和复制帧的常见操作。

（1）拖动：选中要移动的帧（可同时选中多个帧）后，在所选帧上按住鼠标左键并拖动，到目标位置后松开鼠标即可将所选帧移动到目标位置；若在移动帧的同时按住 Alt 键，则移动操作变为复制操作。

（2）快捷菜单：选中要移动或复制的帧后，右击所选帧，在弹出的快捷菜单中选择"剪切帧"（执行移动操作）或"复制帧"命令，然后右击目标帧，在弹出的快捷菜单中选择"粘贴项"命令，即可移动或复制选中的帧。

4．删除帧

如发现 Flash 动画中的某些帧出错，可以将其删除。

删除帧的方法如下：选择需要删除的帧并右击，在弹出的快捷菜单中选择"删除帧"命令。

5．清除帧

清除帧与删除帧不同，删除帧是删除帧本身，该帧中的内容一起删除；而清除帧只会删除该帧中的内容，清除帧后的关键帧将会变为空白关键帧。

清除帧的方法如下：选择要清除的帧并右击，在弹出的快捷菜单中选择"清除帧"命令。

6．制作逐帧动画

在学习了帧的操作后，我们通过实例学习逐帧动画的制作。

制作逐帧动画"倒计时"，即数字由 9 变化到 0 的过程，动画效果如图 9-12 所示。

图 9-12　"倒计时"动画效果

"倒计时"动画制作过程如下：

步骤 1：启动 Flash CS6。新建一个 Flash CS6 文档，属性面板中设置帧频率为 2 帧/秒，舞台宽度为 300 像素，高度为 300 像素。

步骤 2：执行"文件"→"导入"→"导入到舞台"菜单命令，将素材"靶"文件导入舞台中。打开"对齐"面板，勾选"与舞台对齐"复选框，选择"水平中齐"和"垂直中齐"。此时，图片相对于舞台居中对齐。

步骤 3：时间轴面板中，修改"图层 1"的名称为"靶"。在图层"靶"的第 15 帧处右击，在弹出的快捷菜单中选择"插入帧"命令。为避免后续操作影响到图层"靶"，将图层"靶"锁定。

步骤 4：单击时间轴面板中的"新建图层"按钮，新建 "图层 2"，修改"图层 2"的名称为"数字"。

步骤 5：选中"数字"层的第 1 帧，在工具箱中选择"文本工具"，在"属性"面板中设置字体为任一种较粗的字体，字体字号为 55 点，文本颜色为红色。在舞台上输入数字"9"，使用"选择工具"将数字 9 移动到靶心位置。

步骤 6："数字"图层的第 2 帧处右击，在弹出的快捷菜单中选择"插入关键帧"命令，在工具箱中选择"文本工具"，将数字 9 修改为数字 8。使用相同操作方法，制作第 3 帧中的数字 7、第 4 帧中的制作数字 6、第 5 帧中的数字 5、第 6 帧中的数字 4、第 7 帧中的数字 3、第 8 帧中的数字 2、第 9 帧中的数字 1、第 10 帧中的数字 0。制作示意如图 9-13 所示。

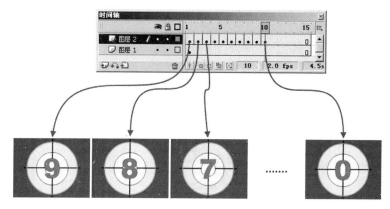

图 9-13　制作示意

步骤 7：按 Ctrl+Enter 组合键，测试动画效果，保存。

可以看出，制作动画的过程便是在不同的帧上绘制或编辑设置动画组成元素的过程。但是，如果每帧上的对象都需要用户绘制和设置，那么制作一个动画便需要很多时间。为此，Flash 提供了多种功能辅助动画制作。例如，利用元件可使一个对象多次重复使用，利用补间功能可自动生成各帧上的对象。

9.4　补间动画

在 Flash 8 以前的版本中创建补间动画主要有两种形式，一种是创建补间动画，另一种是创建补间形状。创建补间动画就是通过 Flash 自动创建物体运动的缩放、旋转、位置、透明变化等动画，而创建补间形状主要用于变形动画，如三角形变成五边形、文字的变化等。到了 Flash CS3 之后，增加了一些 3D 的功能，而以前两种创建补间动画的方法都没有办法实现 3D 旋转，所以之后的创建补间动画也就不再是以前版本的意义了，为了区分补间动画的不同，就把以往的创建补间动画改为创建传统补间，这样在较新版本的 Flash 中创建补间动画就出现了以下三种形式。

一是创建传统补间。用于设置物体的位置、旋转、放大缩小、透明度变化等，但是不能增加 3D 效果。

二是创建补间动画。这种补间动画除了可以完成传统的补间动画的效果之外，还可以增加 3D 补间动画。

三是创建补间形状。与创建补间形状动画效果相同，可以用于对象的变形。

9.4.1 传统补间动画

传统补间动画指的是做 Flash 动画时，在两个关键帧中间需要做补间动画，才能实现图画的运动；插入补间动画后，两个关键帧之间的补间帧是由计算机自动运算而得到的。下面通过"小球运动"案例介绍传统补间动画的制作方法。

步骤 1：新建文件 ActionScript 3.0。设置文档宽度为 900px，高度为 300px，帧频率为 24 帧/秒。

步骤 2：选中图层 1 的第 1 帧。在工具箱中选择"椭圆工具"，笔触颜色设置为无，填充颜色设置为预设颜色中的红-黑渐变；按 Alt 和 Shift 键的同时，在舞台上左侧绘制正圆。

步骤 3：使用"选择工具"选中红色小球，选择"修改"→"转换为元件"菜单命令，修改元件名称为"红色球"，类型为"图形"。此时，"红色球"元件出现在库中，如图 9-14 所示。

图 9-14　"红色球"元件

步骤 4：制作"红色球"运动动画。在图层 1 的第 80 帧处插入关键帧。使用"选择工具"将第 80 帧中的红色球水平向右从舞台的左侧移动到舞台的右侧，如图 9-15 所示。

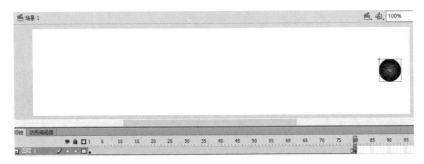

图 9-15　移动红色球

步骤 5：在图层 1 的第 1 帧与第 80 帧之间创建传统补间动画。至此，红色小球从舞台左侧运动到舞台右侧的动画制作完成。最终时间轴效果如图 9-16 所示。

图 9-16　最终时间轴效果

步骤 6：按 Ctrl+Enter 组合键测试动画效果。

9.4.2 补间动画

Flash CS4 以后，新增了一个基于对象的补间动画，可以直接称为补间动画。与传统补间动画相同，补间动画对创建对象的类型也有所限制，只能应用于元件、位图、实例，被打散的对象不能产生补间动画，必须将它们转换为元件或进行组合，并且在同一图层中只能选择一个对象。

补间动画是对舞台上现有的元件直接创建补间动画，只需要在时间轴上选择加关键帧的地方，直接拖动舞台上的元件到对应的位置，就会自动形成一个补间动画。它不需要自己创建关键帧，Flash 会自动生成属性关键帧。这个补间动画的路径是可以直接显示在舞台上的，且可以通过选择工具调整移动路径。

下面通过一个实例介绍补间动画的制作方法。

步骤 1：新建文件 ActionScript 3.0。设置舞台宽度为 700 像素，高度为 400 像素。

步骤 2：将"图层 1"重命名为"背景"，选中背景层的第 1 帧，选择"文件"→"导入"→"导入到舞台"菜单命令，将素材中名称为"蓝天白云.jpg"的图片导入舞台，调整图片与舞台大小一致且完全对齐。再选择"文件"→"导入"→"导入到库"菜单命令，将素材中名称为"飞翔小鸟.gif"的文件导入库面板，如图 9-17 所示。

图 9-17　导入背景图像和小鸟

步骤 3：在"背景"图层上方新建一个图层，并将其命名为"小鸟"，然后将"库"面板中的"飞翔小鸟.gif"进行适当缩放后放置在"小鸟"图层的舞台右侧外，如图 9-18 所示。

步骤 4：在所有图层的第 80 帧插入普通帧，然后在舞台右侧的"飞翔小鸟"图形上单击右键，在弹出的快捷菜单中选择"创建补间动画"命令，如图 9-19 所示。此时会弹出一个提示框，直接单击"确定"按钮即可，将"飞翔小鸟"图形转换为元件实例，之后"小鸟"图层变为补间图层，其图层图标变为　　形状。

步骤 5：单击"小鸟"图层的第 80 帧，播放头自动移到该帧，将"小鸟"图层第 80 帧中的"飞翔小鸟"元件实例移到舞台左下方，此时系统会自动在"小鸟"图层第 80 帧处插入一个属性关键帧，并生成一条运动路径，如图 9-20 所示。

图 9-18　新建图层并应用飞翔小鸟元件

图 9-19　创建补间动画

图 9-20　生成运动路径

步骤 6：使用"选择工具" ▶ 适当调整对象的运动路径，如图 9-21 所示。

图 9-21　调整运动路径

步骤 7：选择"任意变形工具"，调整"小鸟"图层的第 1 帧、第 30 帧、第 55 帧和第 80 帧中"飞翔小鸟"元件实例的角度，如图 9-22 所示。

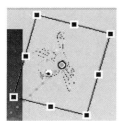 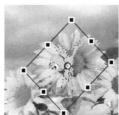  

图 9-22　调整各属性关键帧上元件实例的角度

步骤 8：按 Ctrl+Enter 组合键测试动画效果。

9.4.3　形状补间动画

与传统的补间动画和基于对象的补间动画不同，形状补间动画主要针对形状的变化创建过渡动画。

要创建形状补间动画，必须保证两个关键帧上的对象都是分离的图形，如果要使用元件实例、文字、组合的图形等对象创建形状补间动画，则需要先按 Ctrl+B 组合键将它们分离为矢量图形。

下面以制作数字"1"变"2"的动画为例，介绍形状补间动画的制作方法，效果如图 9-23 所示。

步骤 1：新建文件 ActionScript 3.0。设置舞台宽度为 600 像素，高度为 300 像素，背景色为绿色。

步骤 2：选中"图层 1"时间轴上的第 1 帧，再选择"文本工具" T ，在其属性面板的"系列"下拉列表框中设置字体为"微软雅黑",样式为加粗,颜色为红色,大小为140点,然后输入数字"1"。

图 9-23　数字"1"变为数字"2"示意

步骤 3:选中图层 1 的第 60 帧,按 F6 键插入关键帧。使用"文本工具"将数字"1"修改为数字"2",颜色为绿色。

步骤 4:图层 1 中,使用"选择工具"选择第 1 帧后,选择舞台中的数字"1"并右击,在弹出的快捷菜单中选择"分离"命令。用相同方法选择第 60 帧后,选择舞台中的数字"2"并将其分离。

步骤 5:选中图层 1 中的第 1 帧与第 60 帧之间的任意一帧并右击,在弹出的快捷菜单中选择"创建补间形状"命令。至此,数字"1"变为"数字 2"的动画制作完成。

步骤 6:按 Ctrl+Enter 组合键预览动画。

9.5　课堂案例——制作网站动画

9.5.1　练习目标

本课堂案例的练习目标是熟练掌握 Flash 动画制作中图层、元件和帧的使用方法,以及制作简单的传统补间动画,效果如图 9-24 所示。

图 9-24　网站动画效果

9.5.2　操作步骤

(1)启动 Flash CS6,新建 ActionScript 3.0 文档。在属性面板中设置帧频率为 24,舞台宽度为 800 像素,高度为 205 像素。

(2)将"图层 1"重命名为"背景"。执行"文件"→"导入"→"导入到舞台"菜单命令,将素材"底图"导入舞台。

（3）打开"对齐"面板，如图 9-25 所示。勾选"与舞台对齐"复选框，单击"水平中齐"和"垂直中齐"图标，使得图片"底图"相对于舞台居中对齐。在第 150 帧处右击，在弹出的快捷菜单中选择"插入帧"命令，锁定"背景"图层。

图 9-25　"对齐"面板

（4）单击时间轴面板中的"新建图层"按钮，新建"图层 2"，修改"图层 2"的名称为"文字"。

（5）选中文字层的第 1 帧。在工具箱中选择"文本工具"，设置字体为"华文新魏"，大小为 43 点，文本颜色为黄色。在舞台上输入文本"奋斗是青春最亮丽的底色"。修改文本"奋斗"和"最亮丽"的文本颜色为红色。修改文本"奋斗"的大小为"78 点"，"最亮丽"的大小为"52 点"。使用"选择工具"调整文本到舞台中的合适位置。

（6）在文字上右击，在弹出的快捷菜单中选择"分离"命令，将文字块分离为一个个独立的文本，效果如图 9-26 所示。

图 9-26　文本分离后的效果

（7）依次转换所有文本为元件。选中文字"奋"，执行"修改"→"转换为元件"菜单命令，将文字"奋"转换为图形元件"奋"。用相同方法，将其他文本依次转换为图形元件。

（8）使用"选择工具"选中所有文字，执行"修改"→"时间轴"→"分散到图层"菜单命令，将所有文字分散到不同的图层中，如图 9-27 所示。

（9）删除没有任何内容的"文字"层。

（10）制作文本"奋"的淡入动画。在图层"奋"的第 10 帧处插入关键帧。单击第 1 帧，选中第 1 帧中的"奋"字，单击"属性"面板，将"色彩效果"样式中的 Alpha 值设为 0，如图 9-28 所示。在第 1 帧与第 10 帧之间创建传统补间动画。至此，文本"奋"的淡入动画制作完成。

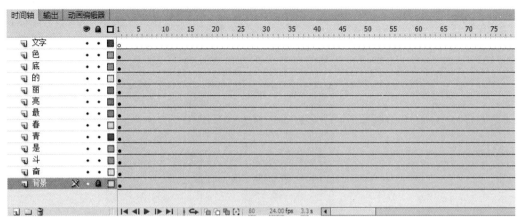

图 9-27　文本分散到图层后的时间轴效果

图 9-28　图形实例的属性

（11）制作文本"斗"的淡入动画。使用"移动工具"将图层"斗"的第 1 帧中的关键帧移动到第 10 帧处。在第 20 帧处插入关键帧。单击第 10 帧，选中第 10 帧中的"斗"字，单击"属性"面板，将"色彩效果"样式中的 Alpha 值设为 0。在第 10 帧与第 20 帧之间创建传统补间动画。至此，文本"斗"的淡入动画制作完成，如图 9-29 所示。

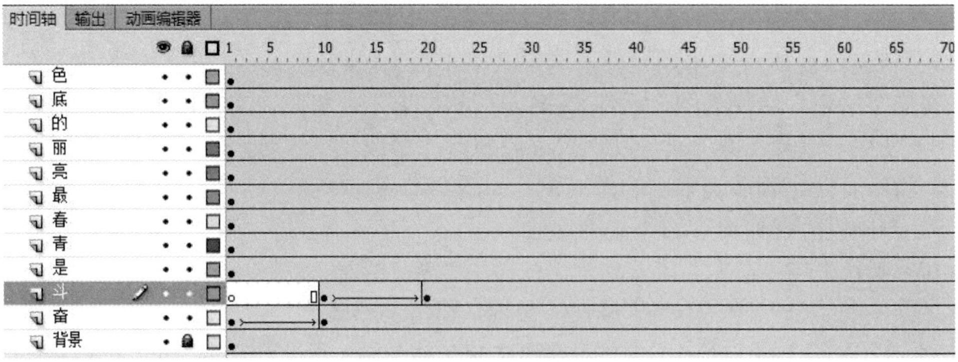

图 9-29　时间轴效果

（12）用相同方法依次制作其他文本的淡入动画。完成后，时间轴的效果如图 9-30 所示。

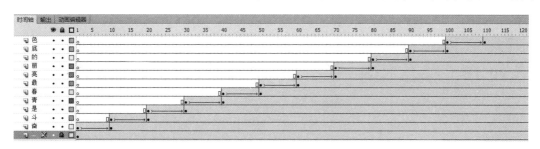

图 9-30　完成后的时间轴效果

（13）按 Ctrl+Enter 组合键测试动画，此时所有文字依次出现。执行"文件"→"保存"菜单命令，打开"另存为"对话框，设置文件名为"奋斗.fla"，保存文件。

9.6　本章小结

本章带领大家学习了 Flash CS6 软件，学习使用它来制作动画的基本方法。学习由浅入深，从认识 Flash CS6 界面开始，逐步学习 Flash CS6 动画制作原理，动画中的图层、帧以及动画的制作方法。学习完本章内容后，希望大家能够根据掌握的知识熟练制作出一些精美的动画。

9.7　课后习题——制作"绿色出行　低碳生活"网页动画

根据提供的素材制作"绿色出行　低碳生活"网页动画，动画效果为所有汉字依次逐个淡入，完成后的效果如图 9-31 所示。

图 9-31　"绿色出行　低碳生活"动画效果

第 10 章　综合案例——"最美瞬间摄影工作室"网站首页

学习要点：

➤　网站规划
➤　网站建设
➤　使用 Photoshop CS6 制作网页效果图并进行切片
➤　使用 CSS 样式设置网页外观

学习目标：

➤　掌握网页制作前的准备工作
➤　掌握使用 Photoshop CS6 和 Flash CS6 制作网页元素及效果图的方法
➤　掌握制作多媒体网页的方法
➤　掌握使用 CSS 美化网页的方法

导读：

　　本章用一个综合案例来全面介绍制作网站过程中三个软件配合、协调的工作过程，其中包括使用 Photoshop CS6 制作网页效果图、使用 Flash CS6 制作网页中的动画素材、使用 Dreamweaver CS6 设计网页，完成网站建设的基本流程，使读者对网页设计有一个系统、全面的认识。通过"最美瞬间摄影工作室"网站首页的制作，以及课后习题中对子页的设计完成网站的整体设计及开发，实现页面之间的跳转，完成网页之间的正常访问及跳转。

10.1　网站目标

　　Dreamweaver、Flash 和 Photoshop 三个软件发挥自身特点，利用三个软件协同工作，就可以轻松地制作出一个漂亮、完整的网页。综合本书所学知识，首先使用 Photoshop CS6 设计网站首页效果，然后使用 Flash CS6 制作网站动画，最后使用 Dreamweaver CS6 将 Photoshop 处理的图像和 Flash 制作的动画添加到 HTML 网页中，制作出一个"最美瞬间摄影工作室"网站首页，效果如图 10-1 所示。

图 10-1　网站首页

10.2　案例分析

　　"最美瞬间摄影工作室"网站首页制作过程中，主要突出使用三个软件协同工作的特点，使用 Photoshop CS6 软件主要来设计首页的效果图，然后使用切片工具对网页进行切片处理，使用 Flash CS6 软件设计网页中添加的小动画，使用 Dreamweaver CS6 软件将对象添加到 HTML 网页中。在制作网页之前，可以先了解同类型网站的风格、色调等问题。

　　在确定好网站的类型后，就可以着手准备。首先准备素材，网站的素材可以来自网络或其他途径，使用 Photoshop CS6 将搜集到的素材组合起来，形成网页的框架，并进行切片；其次使用 Flash CS6 制作网站中需要的动画；最后使用 Dreamweaver CS6 制作网页。下面详细介绍具体操作。

10.3　制作过程

10.3.1　使用 Photoshop CS6 制作网站首页

　　首先使用 Photoshop CS6 制作网站首页效果，主要操作是使用工具在效果图文档中添加图片、文字等对象，并美化图像和文字；然后运用切片工具对效果图进行切片处理；最后将切片图像插入网页文档中，首页效果如图 10-2 所示。

223

图 10-2　首页效果

具体操作步骤如下：

（1）启动 Photoshop CS6，新建文档"名称"为"首页效果图"，宽度为"1024 像素"，高度为"100 像素"，"分辨率"为"72 像素/英寸"，"颜色模式"为"RGB 颜色"，"背景内容"为"白色"，如图 10-3 所示。

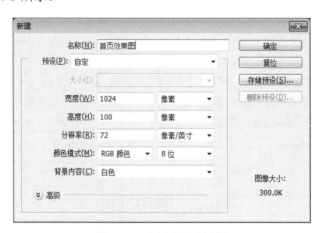

图 10-3　"新建"对话框

（2）设置文档的"前景色"为"灰色（R:116，G:106，B:106）"，使用 Alt+Delete 组合键用前景色填充文档背景。

（3）打开素材中的图像文件"背景.jpg"，使用"移动工具"移动到"首页效果图"文档中，使用 Ctrl+T 组合键自由变换图像，适当调整图像尺寸，并置于文档上方，给该图层设置"内发光"的图层样式。

（4）使用"横排文字工具" T，设置字体为"方正姚体"，大小为"60 点"，颜色为"黑色"，在"背景"图像上方输入网站标题内容"最美瞬间摄影工作室"，如图 10-4 所示，为该文字图层设置"投影"和"外发光"的图层样式。

图 10-4　输入网站标题文字

（5）继续使用"横排文字工具" T，设置不同的字体格式、不同的大小，颜色为"白色"，依次新建三个文字图层，内容分别为"www.beautiful.com""Tel:+86-029-66666666"和"我们专注成就事业呈现最美瞬间"，如图 10-5 所示。

图 10-5　设置文字图层

（6）打开素材中的图像文件"Banner.jpg"，使用"移动工具"移动到"首页效果图"文档中，使用 Ctrl+T 组合键自由变换图像，适当调整图像尺寸，并置于文档中间，为该图层设置"内发光"的图层样式，如图 10-6 所示。

图 10-6　设置 Banner 图像

（7）新建组并命名为"导航"。

（8）使用"圆角矩形工具"绘制路径，将工作路径存储为"路径 1"，并将路径作为选区载入。

（9）在"导航"组中新建图层，命名为"按钮 1"。

（10）使用"渐变工具"编辑渐变编辑器，设置渐变模式为前景色"红色"到背景色"白色"的渐变，如图 10-7 所示。

图 10-7　编辑渐变编辑器

（11）继续设置渐变模式为"对称渐变"，最后在从选区中央向下拖动鼠标，创建导航按钮的渐变填充效果，如图 10-8 所示，填充效果如图 10-9 所示。

图 10-8　渐变填充效果　　　　　　　　　　图 10-9　填充效果

（12）使用 Ctrl+D 组合键取消选区，给图层"按钮 1"添加"内阴影"的图层样式。

（13）使用相同方法制作"按钮 2"图层，渐变模式为前景色"黑色"到背景色"白色"的渐变。

（14）为"按钮 2"图层添加"内阴影"的图层样式。

（15）将"按钮 2"图层复制四次，分别给图层重命名为"按钮 3""按钮 4""按钮 5""按钮 6"，如图 10-10 所示。

（16）使用"横排文字工具"，设置字体为"隶书"，大小为"24 点"，颜色为"白色"，在六个按钮图像上输入按钮文字"网站首页""新闻动态""作品展示""参考报价""拍摄景点""联系我们"，完成导航按钮的制作，效果如图 10-11 所示。

图 10-10 按钮背景效果

图 10-11 导航按钮效果

（17）新建图层组，命名为"最新动态"。

（18）使用"横排文字工具" T，设置字体为"Arial"，大小为"60 点"，颜色为"灰色"，在图像"Banner"下方输入字母"L"。

（19）在"最新动态"组中新建图层，调整文字工具大小为"24 点"，在字母"L"后面输入字母"atest"。

（20）在"最新动态"组中新建图层，调整文字字体为"幼圆"，在字母"atest"上面输入文字"最新动态"，效果如图 10-12 所示。

图 10-12　"最新动态"图层组效果

（21）使用相同方法制作"最新案例"和"友情链接"图层组，效果如图 10-13 所示。

图 10-13　图层组效

（22）在图层组外新建图层，重命名为"线条 1"。使用"直线工具" ，设置前景色为"白色"，直线"粗细"为"3 像素"，按住 Shift 键，在"最新案例"下面绘制一条直线，并为图层"线条 1"添加"投影"的图层样式。

（23）复制"线条 1"图层，重命名为"线条 2"，使用移动工具拖动到"友情链接下面"的位置，首页效果如图 10-14 所示。

图 10-14　首页效果

（24）选择"视图"→"标尺"菜单命令，在文档窗口中显示标尺，从标尺中拖动出参考线来辅助切片定位，如图 10-15 所示。

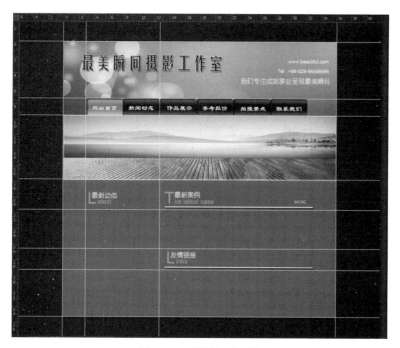

图 10-15　设置切片环境

（25）使用"切片工具" 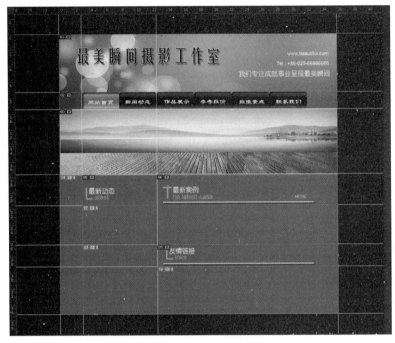 在效果图上需要的位置拖动鼠标进行切片，图中纯色的部分不用切片，效果如图 10-16 所示。

图 10-16　切片效果

（26）选择"文件"→"存储为 Web 所用格式"菜单命令，打开"存储为 Web 所用格式"对话框，保持默认设置，单击 存储… 按钮，在打开的对话框中设置文件的保存位置，设置文件名称为"效果图"，"格式"为"仅限图像"，在"切片"下拉列表框中选择"所有用户切片"选项，单击 保存(S) 按钮。

10.3.2　使用 Flash CS6 制作网站动画

在网页中使用 Flash 动画不但能增强网站的动态效果，而且能吸引更多的用户浏览网页。越来越精彩的网络已经离不开 Flash，而 Flash 也更能让网络越来越绚丽。在制作完成图像后，我们介绍使用 Flash CS6 制作"最美瞬间摄影工作室"网站首页中的动画，制作闪动的星光和变形的文字动画，制作效果如图 10-17 所示。

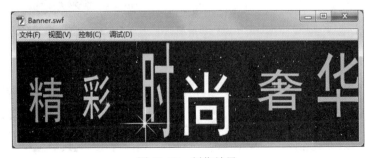

图 10-17　制作效果

具体操作步骤如下：

（1）启动 Flash CS6，新建 ActionScript 3.0 文档，设置舞台背景色为“黑色”，舞台大小为 550 像素×170 像素。

（2）选择“插入”→“新建元件”菜单命令，打开“创建新元件”对话框，如图 10-18 所示，创建一个名为“星光”的图形元件。

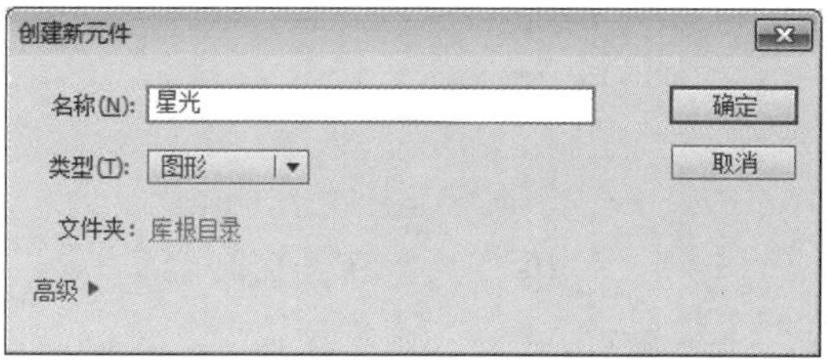

图 10-18 “创建新元件”对话框

（3）选中图层 1 的第 1 帧，选择“矩形工具”，设置“矩形”无边框，填充色为“线性渐变”模式下的“黑-黄-白-黄-黑”，“颜色面板”的设置选项如图 10-19 所示。

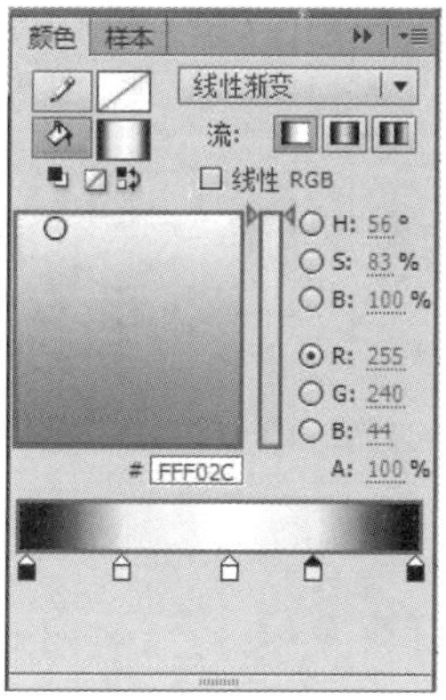

图 10-19 “颜色”面板的设置选项

（4）使用设置完成颜色属性的“矩形工具”绘制一个细长的矩形，如图 10-20 所示。

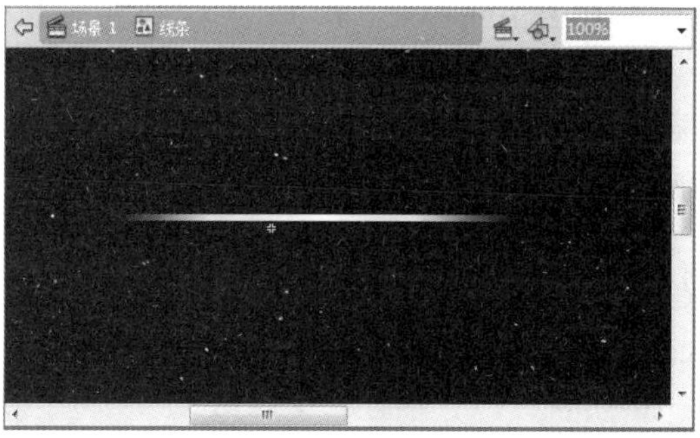

图 10-20 绘制矩形

（5）选中绘制的矩形，打开“变形”面板，如图 10-21 所示，设置旋转为“45°”，连续单击三次“重制选区和变形”按钮。

图 10-21　"变形"面板

（6）使用"任意变形工具"⬚调整部分线条的长度，星光效果如图 10-22 所示。

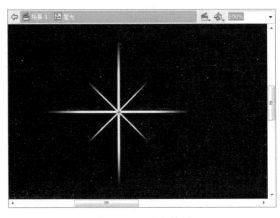

图 10-22　星光效果

（7）选择"插入"→"新建元件"菜单命令，打开"创建新元件"对话框，创建一个名为"流星"的影片剪辑元件。

（8）在图层 1 的第 1 帧，将元件"星光"拖入舞台任意位置，在第 100 帧插入帧，重新选中第 1 帧，使用"选择工具"⬚在舞台上的元件实例上右击，创建补间动画。

（9）在图层 1 的第 45 帧和第 100 帧处，使用"任意变形工具"⬚分别调整该元件实例不同的尺寸和位置。

（10）新建图层 2，在第 8 帧处插入"空白关键帧"，将"星光"拖入舞台任意位置，右击元件实例，创建补间动画。

（11）在图层 2 的第 55 帧和第 100 帧处，使用第（9）步的方法设置星光。

（12）新建图层 3，在第 15 帧处插入"空白关键帧"，将"星光"拖入舞台任意位置，右击元件实例，创建补间动画。

（13）在图层 3 的第 70 帧和第 100 帧处，使用第（9）步的方法设置星光。制作好的影片剪辑元件"流星"的"时间轴"面板如图 10-23 所示。

（14）选择"插入"→"新建元件"菜单命令，打开"创建新元件"对话框，创建一个名为"文字"的影片剪辑元件。

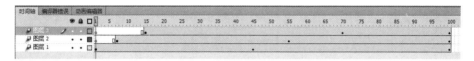

图 10-23   "时间轴"面板

（15）使用"文本工具" T，设置文本属性的字体为"黑体"，字号为"72 号"，颜色为"白色"，在图层 1 的第 1 帧输入文字"精"，使用 Ctrl+B 组合键打散文字，在第 100 帧插入帧。

（16）重新选择图层 1 的第 1 帧，使用"选择工具"右击文字，创建补间动画，弹出"将所选的内容转换为元件以进行补间"对话框，如图 10-24 所示，选择 确定 按钮。

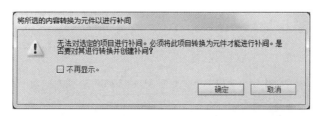

图 10-24   "将所选的内容转换为元件以进行补间"对话框

（17）在图层 1 的第 20 帧、第 45 帧和第 100 帧处使用"任意变形工具"修改文字的形状。

（18）使用"选择工具"在图层 1 的三个属性关键帧上选择文字，分别设置文字的 Alpha 值，如图 10-25 所示。

图 10-25   设置文字的 Alpha 值

（19）新建图层 2，在第 3 帧处插入空白关键帧，使用"文本工具"，在"精"字右侧输入文字"彩"，使用 Ctrl+B 组合键打散文字。

（20）用第（16）步方法，制作文字"彩"的补间动画。

（21）在图层 2 的第 25 帧、第 55 帧和第 95 帧处使用"任意变形工具"修改文字的形状。

（22）使用"选择工具"在图层 2 的三个属性关键帧上选择文字，分别设置文字的 Alpha 值。

（23）使用相同方法制作图层 3、图层 4、图层 5 和图层 6，分别设置文字"时""尚""奢"和"华"的不同动画，"时间轴"面板如图 10-26 所示。

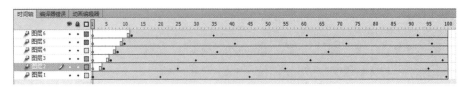

图 10-26 "时间轴"面板

（24）返回场景 1，在图层 1 的第 1 帧处将元件"流星"拖入舞台两次，产生两个元件实例，如图 10-27 所示。

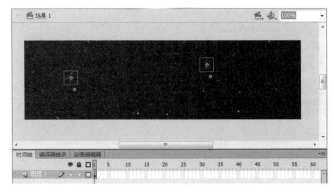

图 10-27 将元件"流星"拖入舞台

（25）新建图层 2，在第 1 帧将元件"文字"拖入舞台左侧，如图 10-28 所示。

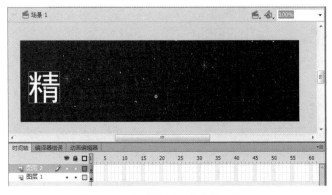

图 10-28 将元件"文字"拖入舞台

（26）使用 Ctrl+Enter 组合键测试影片，并以"Banner.fla"为名保存。

（27）选择"文件"→"导出"→"导出影片"菜单命令，发布制作好的动画。

10.3.3 使用 Dreamweaver CS6 制作页面

当网页的效果图以及需要使用的素材都确定好了之后，就可以在 Dreamweaver CS6 中制作网站页面。下面介绍使用 Dreamweaver CS6 制作"最美瞬间摄影工作室"网站首页，具体操作步骤如下：

（1）启动 Dreamweaver CS6，选择"站点"→"新建站点"菜单命令，打开"新建站点"对话框，设置站点名称为"最美瞬间"，站点文件夹为"课堂案例\案例素材\No10-最美瞬间摄影网"，如图 10-29 所示。

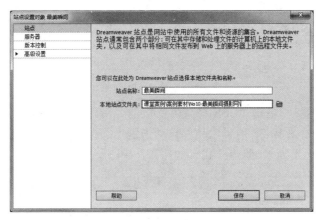

图 10-29　设置站点名称和本地站点文件夹

（2）在欢迎屏幕中选择新建 HTML 类型网页，如图 10-30 所示。

图 10-30　选择 HTML 类型网页

（3）选择"插入"→"布局对象"→"Div 标签"菜单命令，打开"插入 Div 标签"对话框，如图 10-31 所示，在 ID 文本框中输入 top，表示为该 Div 使用唯一的 ID 样式。

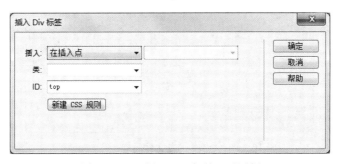

图 10-31　"插入 Div 标签"对话框

（4）使用相同方法在 top 标签后面依次插入两个 ID 类型的 Div 标签，名称分别为 content 和 bottom，如图 10-32 所示。

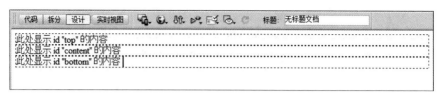

图 10-32　插入 Div 标签

（5）选择 top 标签，单击"CSS 样式"面板的"新建 CSS 规则"按钮，打开"新建 CSS 规则"对话框，如图 10-33 所示，软件自动识别"选择器类型"为 ID，"选择器名称"为 #top，选择"规则定义"为"（新建样式表文件）"，单击 确定 按钮。

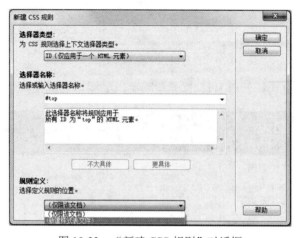

图 10-33　"新建 CSS 规则"对话框

（6）在打开的"将样式表文件另存为"对话框（图 10-34）中，设置新建的样式表文件名为 css，保存在站点文件夹中，单击 保存(S) 按钮。

图 10-34　"将样式表文件另存为"对话框

（7）在打开的"#top 的 CSS 规则定义"对话框（图 10-35）中设置 top 的属性，在"方框"组中，设置宽度为 1024px，左、右边距为 auto。

图 10-35　"#top 的 CSS 规则定义"对话框

（8）与第（5）步操作相同，选择 div#content 标签，设置该标签的 CSS 规则，在"方框"组中，设置宽度为 1024px，高度为 415px，左、右边距为 auto，背景颜色为#746A69。

（9）与第（5）步操作相同，选择 div#bottom 标签，设置该标签的 CSS 规则，在"方框"组中，设置宽度为 1024px，高度为 60px，左、右边距为 auto，填充距上方为 10px，背景颜色为"#000"。

（10）将光标定位在标签 div#content 里面，分别插入两个 div 标签，类型为 ID，名称分别为 left 和 right，实现标签 div#content 内嵌套左、右两个 div 标签的布局。

（11）将光标定位在标签 div#right 里面，分别插入两个 div 标签，类型为 ID，名称分别为 right_up 和 right_down，实现在标签 right 内嵌套上、下两个 div 标签的布局。

（12）依次给每个 div 标签设置 CSS 规则，见表 10-1。

表 10-1　CSS 规则设置

属性	标签			
	left	right	right_up	right_down
Background-color	#746A69	#746A69	#746A69	#746A69
Width	276px	664px	664px	664px
height	415px	415px	240px	175px
Margin-left	84px	—	—	—
Margin-right	—	—	—	—
Float	left	left	—	—

（13）完成以上设置的页面布局效果如图 10-36 所示。

（14）在标签 div#top 中依次插入素材中的图像文件"效果图_01.jpg""效果图 02_.jpg"和"效果图_03.jpg"，删除标签中的文字。

（15）在标签 div#left 中插入素材中的图像文件"效果图_05.jpg"，在图像后面换行，输入四段文字："最新推出三亚婚纱旅游跟拍""最新推出三亚闺蜜旅游跟拍""最新推出三亚亲子旅游跟拍""高级造型师 A-lin 加盟"。

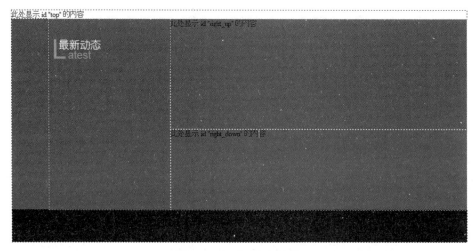

图 10-36　页面布局效果

（16）新建 CSS 样式，类型为"类"，名称为"wz1"，字体为"仿宋"，颜色为"白色"，应用于上述四段文字，并设置"项目列表"。

（17）项目列表后分段，插入一个 2 行 1 列的表格，宽度为 238px，边框为 0px，居中对齐。第一行单元格内输入文本"最美瞬间摄影工作室"，第二行单元格内输入文本"地址：西安市西安市西安市""电话：029-66666666""邮箱：1234@163.com""Q Q：123456789"。

（18）新建 CSS 样式，类型为"类"，名称为"wz2"，字体为"黑体"，字号为"24 号"，颜色为"#FC9"，应用于第一行单元格内的文本，将"wz1"的样式应用于第二行单元格内的文本。

（19）新建 CSS 样式，类型为"类"，名称为"t1"，属性中边框的上、下、左、右线型均为 dotted，颜色为"白色"，应用于该 2 行 1 列的表格。

（20）标签 div#left 的内容设置如图 10-37 所示。

图 10-37　标签"div#left"的内容设置

（21）在标签 div#right_up 中插入素材中的图像文件"效果图_06.jpg"，换行后插入一个 2 行 7 列的表格，"宽度"为 651px，"填充"为 0，"间距"为 0，"边框"为 0，居中对齐。

（22）在表格中的相应单元格内依次插入素材中的图像文件"个人写真.jpg""儿童摄影""婚纱摄影""风景写真"和相应文字，设置每个图像的宽度为 150px，高度为 100px，效果如图 10-38 所示。

图 10-38　"right_up"标签的效果

（23）在标签 div#right_down 中插入素材中的图像文件"效果图_09.jpg"，换行后插入一个 1 行 11 列的表格，"宽度"为 300px，"填充"为 0，"间距"为 0，"边框"为 0，居中对齐。

（24）在表格中的相应单元格内依次插入素材中的图像文件"摄影网站 1.jpg""摄影网站 2.jpg""摄影网站 3.jpg""摄影网站 4.jpg""摄影网站 5.jpg""摄影网站 6.jpg"，效果如图 10-39 所示。

图 10-39　"友情链接"效果

（25）在标签 bottom 中插入一个 2 行 2 列的表格，宽度为 100%，"填充"为 0，"间距"为 0，"边框"为 0，居中对齐，合并第二行的两个单元格。

（26）在三个单元格内输入文本"版权所有©陕西省最美瞬间广告有限公司""联系电话：029-85896666""北京 ICP 备 10001111 号"。

（27）新建 CSS 样式，类型为"类"，名称为 wz3，字体为"黑体"，颜色为"白色"，文本对齐方式为 center，应用于单元格的文本，效果如图 10-40 所示。

图 10-40　"bottom"标签的效果

（28）在图像文件"效果图_03.jpg"上绘制 1 个"AP Div"层。

（29）选择"插入"→"媒体"→SWF 菜单命令，在层中插入 Flash 文件——Banner.swf。

（30）适当调整 Flash 文件的窗口尺寸，设置 Wmode 属性为"透明"，如图 10-41 所示。

图 10-41　设置 Wmode 属性

（31）保存网页，并在浏览器中预览效果，如图 10-42 所示。

图 10-42　预览效果

参考文献

[1] 王纬，王妍，王健，等. 网页设计与制作案例教程（HTML5）[M]. 南京：东南大学出版社，2019.

[2] 王红华，李翔. Web 开发技术实践教程[M]. 南京：南京大学出版社，2018.

[3] 王永强，杨瑞梅，李君芳，等. Dreamweaver CS6 网页设计案例教程[M]. 北京：人民邮电出版社，2018.

[4] 赵丰年. 网页设计与制作（HTML5+CSS3+JavaScript）（微课版）[M]. 4 版. 北京：人民邮电出版社，2020.

[5] 修毅，洪颖，邵熙雯. 网页设计与制作：Dreamweaver CS6 标准教程[M]. 2 版. 北京：人民邮电出版社，2015.

[6] 王潇，章明珠，王娟. 网页设计与制作[M]. 北京：机械工业出版社，2018.